DAMPF LOKOMOTIVEN

Ikonen aus Stahl

KARL ■ MÜLLER

© Karl Müller, ein Imprint der Verlag Karl Müller GmbH, Köln 2003
www.karl-mueller-verlag.de

Texte und Fotos: Armin Schmolinske und Hans Faust
Redaktion und Produktions-Koordination: Gerd Grohbrüg
für INTERPILL MEDIA GMBH, Hamburg (www.interpillmedia.com)
Satz und Layout: Günter Hagedorn und Heike Hentschel
für freestyle computer, Hamburg

Druck und Bindung: Neografia AG Martin
Printed in Slovakia

ISBN: 3-89893-302-4

DAMPF LOKOMOTIVEN

Armin Schmolinske
Hans Faust

Ikonen aus Stahl

KARL ■ MÜLLER

Inhaltsverzeichnis

Die Dampflokomotive –
erst eroberte sie die Welt und als sie verschwand, eroberte sie die Herzen der Menschen

Vor gut 30 Jahren begann der Schwanengesang der Dampfloks dieser Welt. Die große Mobilmachung aller Eisenbahnnostalgiker setzte ein, der Ansturm auf die letzten Dampfzüge war ein gewaltiger.

Doch Totgeglaubte leben länger! Sogar heute am Anfang des neuen Jahrhunderts dampfen nicht nur in China, Indonesien und sonst irgendwo in weiter Ferne Planzüge im täglichen Einsatz, sondern auch noch im Norden und Osten Deutschlands. Geradezu unüberschaubar ist das Angebot attraktiver Museumsbahnen weltweit. Diese Bahnen werden zwar alleine zum Freizeitvergnügen und zur Pflege nostalgischen Fahrgenusses betrieben, sind aber für die Bewahrung kulturgeschichtlicher Denkmäler unverzichtbar.

Vor einem Vierteljahrhundert hätte kein Mensch eine solche Entwicklung für möglich gehalten, die fast ausschließlich von Idealisten vorangetrieben wurde. Diese opfern ihre Freizeit und viel Geld einer alten Technik, die einst Bestandteil des täglichen Lebens war und deren geschichtliche Bedeutung unumstritten ist.

Weit mehr als 100 Jahre dauerte die Epoche, die nicht nur in der Eisenbahngeschichte, sondern in der gesamten Kultur- und Wirtschaftsgeschichte das Zeitalter der Dampflokomotive genannt wird.

Den Anfang findet man im Jahre 1802, als das erste Mal versucht wurde, ein Schienenfahrzeug mit einer Dampfmaschine nach dem System von James Watt auszustatten. Das geschah selbstverständlich in England, dem Geburtsland der Dampfeisenbahn.

Schienen gab es schon seit Jahrhunderten. Sie waren aus Holz gefertigt und zumeist in Bergwerken verlegt. Erst in der zweiten Hälfte des 18. Jahrhunderts versuchte man es mit Gusseisen. Die Wagen wurden mit Manneskraft oder mit Zugtieren bewegt. Auch Seilwinden kamen zum Einsatz. 1804 lieferte Trevithik an ein walisisches Bergwerk die wohl erste ernst zu nehmende Lokomotive.

Doch als Geburtsjahr der Eisenbahn im eigentlichen Sinne gilt das Jahr 1825 mit der Eröffnung der Strecke von Stockton nach Darlington. Sie diente erstmals dem öffentlichen Verkehr und beförderte nicht nur Güter, sondern auch Personen. Der Erbauer von Bahnlinie samt Fahrzeugen war der legendäre George Stephenson. Die Lokomotive hieß „Locomotion". Leicht abgewandelt in „Lokomotive" dient ihr Name seitdem der Bezeichnung des Fortbewegungsmittels, welches den Verlauf der Weltgeschichte entscheidend beeinflusste. 1829 schlug Stephensons 46 km/h schnelle „Rocket" im epochalen Lokomotivrennen von Rainhill alle Konkurrenz aus dem Felde. Seine Konstruktionen und Ideen wurden damit endgültig zur Grundlage der weltweiten Entwicklung des Eisenbahnwesens.

Bekanntlich verband die erste deutsche Eisenbahnstrecke die Städte Nürnberg und Fürth. Die nur sechs km lange Bahn wurde zu Ehren des bayrischen Königs „Ludwigseisenbahn" genannt. Die Eröffnung fand am 7. Dezember 1835 statt, den ersten Zug beförderte die berühmte Lokomotive „Adler". Es war die 118. Maschine aus den Werkstätten Stephensons. Nach Stephensons Werks-

normen hatte die Spur, umgerechnet auf das metrische System, 1435 mm zu betragen, ein Maß, das bald weltweit als Normalspur bezeichnet wurde.

Was in Deutschland als Sensation galt, war inzwischen in England und den USA nichts Besonderes mehr. Dort hatte man um 1835 bereits mehr als 2000 km Eisenbahnstrecken in Betrieb! Auch war der „Adler" beileibe kein rekordverdächtiges Fahrzeug. Die 23 km/h Höchstgeschwindigkeit bei einer Leistung von 30 kW taugten gerade zum Spiel in der Regionalliga.

Anfangs fürchteten sich die meisten Menschen vor einer Fahrt mit dem rasenden Verkehrsmittel. Ärzte warnten vor der dreifachen Geschwindigkeit einer Postkutsche. Doch als auch die Bequemlichkeit des Reisens im Dampfzug die der Fahrt in der Pferdefuhre um das Dreifache übertraf, änderte sich allmählich die Einstellung. Vielen Zeitgenossen wird es bewusst geworden sein, dass diese radikale Änderung des Fortbewegens die Welt ähnlich verändern würde wie seinerzeit die Erfindung des Buchdrucks. Eine Fahrt bei den damaligen Geschwindigkeiten wurde empfunden wie der „Ritt auf einem Tornado". Nachdenkliche Stimmen monierten, die Reise mit der Bahn kenne nur noch Start und Ziel. Die Landschaft dazwischen verliere an Bedeutung, der Raum „werde vernichtet". Was würden diese Kritiker wohl heute verkünden angesichts der Fortbewegung im modernen ICE, wo den rohrpostartigen Dunkelphasen Lärmschutzlandschaften aus Kunststoffelementen folgen und das Betrachten der vorbeiziehenden Landschaft so gut wie kein Thema mehr ist.

Für unsere heutigen Begriffe fügen sich die damals als Verschandelung der Umgebung empfundenen alten Trassen geradezu unaufdringlich in die Landschaft ein oder werten sie gar auf. Man denke nur an großartige Konstruktionen der Eisenbahntechnik wie die steinernen Brücken im Vogtland, an Paradebauwerke wie Göltzschtal- und Elstertalviadukt.

Übrigens war auch die hohe Geistlichkeit anfangs alles andere als begeistert von der neuen Methode des Reisens. Noch Mitte des 19. Jahrhunderts wurde

»Den englischen Anfängen galoppierte der Fortschritt aus der Neuen Welt davon«

im Vatikan erwogen, das Dampflokun-
wesen mit dem Bannstrahl zu belegen.
Doch man besann sich eines Besseren
und beschaffte alsbald einen Privatzug
inklusive rollender Kapelle.
Doch zurück zur technischen Entwicklung des neuen Verkehrsmittels. Um
1840 fuhren bereits um die 75 Lokomotiven auf Deutschlands Schienen. Fast
alle stammten aus England. Die erste
betriebstaugliche in Deutschland her-

gestellte Maschine hieß „Saxonia" und
verließ 1838 die Werkshalle der „Aktien-
Maschinenfabrik Uebigau". Sie war für
die Leipzig-Dresdner Eisenbahn bestimmt. Übrigens wurde beim Bau
dieser Bahn bereits eine revolutionäre
Verbesserung des von Stephenson ein-
geführten Gleisbausystems vorgenom-
men. Man wählte den „amerikanischen
Oberbau", das heißt man befestigte die
Schienen auf hölzernen Schwellen

Ein Nachbau aus dem Jahre 1935 der ersten in Deutschland gefahrenen Dampflok aus der Lokomotivfabrik Stephenson/England. Der Adler präsentiert sich hier anlässlich des 150-jährigen deutschen Eisenbahnjubiläums im Bahnbetriebswerk Nürnberg Rbf.

anstatt auf den zuvor verwendeten Stein-
quadern. Auch kamen als Neuerung
stählerne Schienen zum Einsatz, ebenfalls eine Innovation aus den USA, aber
gewalzt in England. Zuvor hatte man

Schienen aus Gusseisen verwendet, die recht spröde und damit bruchgefährdet waren. Die Lokomotiven hatten nur zwei bzw. drei Achsen.

Der „Adler" hatte die Achsfolge 1A1, die „Saxonia" B1 (mit Buchstaben wird die Zahl der angetriebenen Achsen angegeben, mit Zahlen die der Laufachsen; der Adler hatte also eine Vorlaufachse, eine Treibachse und einen „Nachläufer"). Aus den USA kam wie üblich der Fortschritt, in diesem Falle

auf vier Achsen: 2`B- Lokomotiven, also solche mit vorlaufendem zweiachsigem Drehgestell (der Apostroph nach der Zahl kennzeichnet die Ausschwenkbarkeit der Laufachsen) und zwei angetriebenen Achsen. In den USA nennt man diesen Typ „American". Der Gebildete kennt solche Loks aus jedem besseren Wildwestfilm. Die Maschinen bestachen durch Kraft und Kurvenläufigkeit. Besonders die Königlich Württembergischen Staatseisenbahnen K.W.St.E.

fanden Gefallen an der modernen nordamerikanischen Eisenbahntechnik. Sie beschafften 1845 drei „Americans" von Norris & Comp., die sich sehr bewährten und Vorbild für die ab 1847 von Emil Keßler gelieferte Klasse III waren. Auch bei den Wagen hielt man sich in Württemberg an das amerikanische Vorbild. Man stellte alsbald vierachsige Drehgestellwagen in Dienst, wobei die Personenzugwagen als Durchgangswagen ausgeführt waren. Bei den übrigen europäischen Eisenbahnen dominierten dagegen zweiachsige Fahrzeuge auch bei den Reisezugwagen. Auf deren Fahrgestellen waren nach alter Tradition die von den Postkutschen her gewohnten Fahrgastkabinen hintereinander angeordnet. Man nennt solche Fahrzeuge Coupéwagen oder Abteilwagen. Der Reisende war während der Fahrt in sein Coupé eingesperrt, die Zugschaffner turnten, falls nötig, auf seitlich an den Wagenwänden angebrachten Laufbrettern von Abteil zu Abteil.

Diese Fortschrittlichkeit der Württemberger konnte man in Preußen wohl nicht länger akzeptieren. Das „Ländle" war auf deutsches, wenn nicht gar europäisches Mittelmaß zu bringen. Zu diesem Zweck kam aus dem Norden Heinrich Brockmann nach Stuttgart und übte von 1865 bis 1883 das Amt des allmächtigen Obermaschinenmeisters der K.W.St.E. aus. Er setzte auf Rückschritt und ließ die Drehgestell-Lokomotiven des Typs „American" zu drögen Steifachslokomotiven der Achsfolge 1`B umbauen. Auch die wenigen Neuanschaffungen im Lokomotivpark waren mit dieser Achsanordnung ausgeführt. Ausnahme bildeten Güterzugmaschinen, die seit etwa 1848 als laufachslose Dreikuppler existierten (Achsfolge C).

Zukunftsorientierte Entwicklungen unterblieben während dieser Periode des Stillstandes. Das gilt in dieser Epoche für ganz Deutschland. Wollte man den Stand der zeitgemäßen Technik kennen lernen, musste man, wie bis vor wenigen Jahren auch in unserem Zeitalter noch üblich, über den Atlantischen Ozean blicken.

Die vier Treibräder der BR 41 aus der Froschperspektive. Nur der Abdampf aus der Luftpumpe der 042 271 deutet an, dass die Schnellgüterzuglokomotive bereit ist, loszufahren, und es sich nicht um eine leblose Denkmalslok handelt.

Dem kräftig anwachsenden Verkehrsaufkommen waren die altmodischen Fahrzeuge bald nicht mehr gewachsen. Viele Züge mussten doppelt bespannt und teilweise zusätzlich noch nachgeschoben werden, ein völlig unwirtschaftliches Vorgehen. An sich war die Entwicklung der Dampflokomotive stets gekennzeichnet vom Streben nach Senkung der Betriebskosten. Dem stand der physikalisch bedingte niedrige Wirkungsgrad der Dampfmaschine entgegen. Man musste Wege finden, die Verluste zu senken. So baute man gegen Ende des 19. Jahrhunderts die ersten Verbundlokomotiven, bei denen durch stufenweise Expansion der Dampf zuerst in Hochdruckzylindern und anschließend noch in Niederdruckzylindern entspannt wird. So konnte bei gleicher Dampfentwicklung mehr Leistung gewonnen werden. In Preußen hatte zu dieser Zeit Robert Garbe im Maschinenwesen das Sagen, der absolut kein Freund dieser komplizierten Verbundtechnik war und manchmal auch als Bremser des technischen Fortschritts gesehen wird. Dies ist aber nur zum Teil richtig, denn Garbe setzte sich nachdrücklich für eine andere Technologie zur Verbesserung des Wirkungsgrades ein, die im Nachhinein betrachtet noch wirkungsvoller war und wesentlich bedeutender werden sollte als das Verbundprinzip, nämlich auf den Übergang vom Nassdampf- zum Heißdampfprinzip. Die Temperatur des Dampfes wird dabei von den bis dahin üblichen etwa 200°C des so genannten Nassdampfes in einem Überhitzer auf bis zu 450°C erhöht. Die Energie des Dampfes steigt dadurch, gleichzeitig wird im Zylinder Kondensation während des Arbeitsvorganges vermieden. Der Wirkungsgrad der Anlage wächst spürbar, was Leistungssteigerung bei Senkung des Brennstoffverbrauches bedeutet. Von mehre-

> *»Die Erfindung von Heißdampf-Schmidt als Erfolgsrezept für alle Dampfloks der Welt«*

ren konkurrierenden Systemen brachte schließlich der Schmidtsche Rauchröhren-Überhitzer die beste Wirkung und erwies sich gleichzeitig als sehr wartungsfreundlich. Um das Jahr 1920 war der Schmidtsche Überhitzer bei allen Dampflokomotivkonstruktionen dieser Welt eine unverzichtbare Selbstverständlichkeit geworden.

Optimale Konstruktionen besaßen bereits um 1910 Schmidtsche Überhitzung in Kombination mit dem Verbundsystem.

Maßstäbe setzte dabei die Firma Maffei in München. Ab 1906 entstanden vierzylindrige Heißdampf-Verbundlokomotiven, die alles seither Dagewesene übertrafen. Die erste schon als Heißdampfmaschine konzipierte Konstruktion des Hauses Maffei war die berühmte Schnellfahrlokomotive S 2/6,

ein Meisterstück des Chefkonstrukteurs Anton Hammel, von der man leider nur ein Exemplar baute. Sie gilt vielen als schönste Lok der Welt und ist noch heute im Eisenbahnmuseum in Nürnberg zu bewundern. Mit einem 150 t schweren Zug erreichte sie 154,5 km/h und war damit mehr als ein Vierteljahrhundert lang, bis zur Rekordfahrt der Stromlinienlok 05 002, die schnellste Dampflok Deutschlands. Die Deutsche Reichsbahn teilte die Abneigung Garbes und wendete das Verbundsystem nur bei wenigen Versuchslokomotiven an, die nach kurzer Zeit ebenfalls in übliche Zweizylinder-Loks mit einfacher Dampfdehnung umgebaut wurden.

Völlig anders verlief die Entwicklung in Frankreich. Die vierzylindrigen Pazifiklokomotiven der ersten Generation wurden durch Umbaumaßnahmen des Eisenbahningenieurs André Chapelon zu den so genannten Superschnellzugmaschinen weiterentwickelt und erzielten Wirkungsgrade, von denen man in anderen Ländern nicht einmal zu träumen wagte. Chapelons Geheimnis war die innere Stromlinienform der Lokomotive. Das bedeutet genügend große Strömungsquerschnitte, keine starken Krümmungen in den dampfführenden Leitungen. Seine vielleicht geglückteste Type, die Reihe 240 P der französischen Staatsbahn SNCF, war keinen Deut schwächer oder langsamer als die Elloktype, die sie schließlich ablöste. Eher war das Gegenteil der Fall. Der einzige Vorteil der Ellok war ihre zukunftsweisende Modernität.

In den USA wurden bekanntlich die stärksten Dampfloks der Welt gebaut. Diese verdankten ihre gewaltigen Zugkräfte aber keineswegs nur ausgefeilter Technik. Man folgte eher dem Prinzip Garbes und baute unkomplizierte und wartungsfreundliche Konstruktionen mit fast ausschließlich einfacher Dampfdehnung, selbstverständlich ausgeführt als Heißdampfloks. Zudem waren die amerikanischen Firmen unschlagbar in der Technik des Stahlgusses. Das Erfolgsrezept war: optimale thermische Auslegung der Konstruktion plus solideste Ausführung bei gewaltigem Reibungsgewicht. Galt bei europäischen Lokomotiven 20 t Achslast als obere Grenze, war bei manchen Bahnlinien in den USA mit 36 t pro Achse das Ende der Fahnenstange noch nicht einmal in Sicht.

Zurück zu den Versuchen, die Zugkraft der Lokomotiven zu steigern. Ist Achslasterhöhung als amerikanisches Erfolgsrezept wegen begrenzter Belastbarkeit von Schienen und Brücken nicht machbar, so muss die Zahl der treibenden Achsen der Lok erhöht werden. Das führt zu Problemen beim Befahren von Kurven und beim Passieren von Weichen. Schon bei den ersten dreiachsigen Dampflokomotiven verzichtete man bei den Rädern der mittleren Achse häufig auf die Spurkränze. Ging man nicht ganz so weit, waren bei den mittleren Achsen zumindest Spurkranzschwächungen eingeplant. Seitlich verschiebbare Endachsen mit Rückstellfedern bedingen bei Kurvenfahrt sich selbst verstellende Längen der Kuppelstangen, was durch

»*Die einfachste Methode siegt immer – die Bogenläufigkeit nach Gölsdorf wird Weltmeister*«

komplizierte Hebelsysteme erreicht wurde. Diese „Bauart Klose" war vor allem in Württemberg verbreitet. Wegen seiner Kompliziertheit bewährte sich das System auf Dauer nicht.

Der Schweizer Anatole Mallet setzte auf gelenkige Anordnung des Lokfahrwerks. Die nach ihm benannten Maschinen besitzen zwei Triebwerke. Das hintere ist fest im Lokrahmen angeordnet, das vordere ist als Drehgestell ausgeführt. Die Mallet-Lokomotiven sind stets als Vierzylinder-Verbundloks ausgeführt. Die voluminöseren Niederdruckzylinder treiben dabei das vordere Triebwerk an. In Deutschland setzte sich diese Anordnung hauptsächlich auf Schmalspurbahnen durch, da diese oft besonders kleine Kurvenradien besitzen. Auf Normalspur ist hierzulande nur eine bayrische Baureihe in Mallet-Ausführung in erwähnenswerter Stückzahl (25 Exemplare) realisiert worden, die spätere Baureihe 96 der Deutschen Reichsbahn. Sie besaß die Achsfolge D` D, war also zweimal vierfach gekuppelt.

In großen Stückzahlen gebaut und weit verbreitet waren Mallets in den USA. Wohl am bekanntesten sind die Riesenlokomotiven der Union Pacific, vor allem die „Big Boys". Diese waren die größten Dampfloks der Welt und besaßen die Achsfolge (2`D)` D 2`. Zusammen mit ihren siebenachsigen Tendern brachten sie es auf die stolze Länge von 40 m. Sie waren aber keine Verbundloks, sondern besaßen vier Hochdruckzylinder. In den USA nannte man darum diese Bauart nicht „Mallet", sondern „articulated" (gelenkig).

Vor allem Sachsen setzte auf Gelenklokomotiven der Bauart Meyer. Im Gegensatz zu den Mallets sind beide Triebwerke als Drehgestelle am Lokrahmen angebracht. Besonders in Afrika verbreitet waren Gelenklokomotiven System Garratt des britischen Herstellers Beyer Peacock. Zwei Triebgestelle sind über einen Rahmen gelenkig verbunden. Der Rahmen trägt Kessel und Führerhaus, das vordere Triebgestell den Wasserkasten, das hintere den Kohlebehälter. Noch heute, im Jahre 2003, sind solche Dinosaurier auf Schienen aktiv in Simbabwe.

Es gäbe noch von weiteren Konstruktionen zu berichten, welche die Kurvenläufigkeit vielachsiger Triebwerke gewährleisten. Doch als krönender Abschluss erwähnt werden muss die verblüffend einfach scheinende Konstruktion nach Gölsdorf. Allein durch wohl durchdachtes Seitenspiel einzelner Achsen wird ein einwandfreier Bogenlauf auch in recht engen Radien erreicht. Eigentlich war das nur eine Kompromisslösung, aber wie es bei Kompromissen meistens der Fall ist, wurde dieser Weg aus Österreich bald allen konkurrierenden Systemen zur Erreichung von Kurvengängigkeit vorgezogen. In Österreich und anschließend in Württemberg stellte man nach diesem Prinzip gebaute Güterzugloks mit sogar sechs Treibachsen auf die Schienen. Fast alle Dampflokkonstruktionen des 20. Jahrhunderts müsste man eigentlich „Gölsdorfs" nennen, so wie man die vergleichsweise wenigen anderen als „Mallets", „Garratts" oder „Meyer-Loks" bezeichnet.

Sämtliche bisher beschriebenen technischen Entwicklungen fanden vor dem Ausbruch des Ersten Weltkrieges statt. Die Dampflokomotive war damit erwachsen geworden, sie war weit gehend ausgereift. Doch das hat die Geschichte der Technik gezeigt: Immer wenn ein System ausgereift ist, sind seine Tage gezählt, und man beginnt, nach Alternativen Ausschau zu halten.

Bereits 1879 führten Siemens und Halske auf einer Gewerbeausstellung in Berlin die erste elektrische Eisenbahn vor. Interesse an der neuen Technik zeigten besonders Bergbauunternehmen. 1907 hatten Siemens und AEG bereits um die 800 Grubenlokomotiven ausgeliefert. Das Ende der Dampftraktion kündete sich also zuerst unter Tage an. Schon 1903 erreichte ein elektrischer Versuchszug der preußischen Eisenbahnen 210 km/h. Auch Gebirgsstrecken mit vielen und besonders mit langen Tunnels sahen in der elektrischen Traktion die Lösung ihrer Probleme. So war besonders rasch in der Schweiz die Zeit der lebensbedrohlich verqualmten Tunnelröhren Geschichte. Der Verbrennungsmotor stellte noch viele Jahre keine ernst zu nehmende Konkurrenz dar, doch die Verfechter der alten Traktionsart mussten sich etwas einfallen lassen. Das Ende des Ersten Weltkrieges bot eine Chance. Kriegsbe-

dingte Zerstörungen und Reparations-
lieferungen von Eisenbahnfahrzeugen,
festgelegt im Vertrag von Versailles,
machten für Deutschland ein Neubau-
programm unumgänglich. Zudem war
beim 1920 erfolgten Zusammenschluss

der Länderbahnen zur Deutschen Reichsbahn Gesellschaft DRG eine Flotte von
nicht weniger als 210 Lokomotivtypen
zu verzeichnen. Es war unmöglich, die
Unterhaltung eines solchen Fahrzeug-
parks kostenoptimiert durchzuführen.

*Der Dank gilt allen schwarzen Männern,
die heute noch aus Liebe zur Dampflok sich
nicht nur die Hände schmutzig machen,
sondern mit ihren fundierten Fachkenntnis-
sen dafür sorgen, dass die schwarzen Boli-
den auch im 21. Jahrhundert noch nicht zum
alten Eisen gehören.*

So wurden nicht zuletzt aus wirtschaftlichen Gründen neue Lokomotivtypen konzipiert und die Vielfalt an Altbeständen drastisch reduziert. 1925 entstanden so die ersten so genannten Einheitslokomotiven. Größer, schneller und stärker als ihre Vorgängerinnen sollten sie sein. Ob besser, sei in vielen Fällen dahingestellt. So gilt als beste deutsche Schnellzugdampflokomotive Fachleuten zufolge keinesfalls die berühmte Einheitslokomotive „01", sondern eine Länderbauart, die badische „IV h". Bei der DRG taufte man die Bauart um in „18.3". Die Pazifiklokomotive (2`C 1`), vierzylindrig in Verbundausführung, entstammte dem Hause Maffei in München. Die von Preußen dominierte DRG erkannte die Qualitäten der „IV h" nicht, sie musste fortan ein Dasein als Mauerblümchen führen. Leider lief ihr kein André Chapelon über den Weg, er hätte den von Haus aus schon überdurchschnittlichen Renner bestimmt in ein Wunder auf Schienen verwandelt.

Richard Paul Wagner als zuständiger Dezernent beeinflusste in starkem Maße die Konstruktionen der Deutschen Reichsbahn. Die großen Windleitbleche, die in jener Epoche eingeführt wurden, heißen nach ihm „Wagnerbleche". Mit dem Auftauchen des Schnelltriebwagens „Fliegender Hamburger" zu Anfang der dreißiger Jahre wurde neben der Elektrotraktion auch die Dieselkonkurrenz allmählich bedrohlich.

Die Dampfloklobby reagierte mit stromlinienverkleideten Schnellfahrloks. Die dreizylindrige 2`C 2`-Maschine 05 002 erzielte 1936 eine Rekordgeschwindigkeit von 200,4 km/h und war damit zwei Jahre lang schnellste Lok der Welt. Der ebenfalls stromlinienverkleidete englische „Mallard" lief 1938 gerade 2,4 km/h schneller. Es wird behauptet, er habe seinen Rekord unfairerweise in leichtem Gefälle aufgestellt!

Auch andere Bahnverwaltungen ließen sich vom Stromlinienvirus beeinflussen. So wollte man in England, Frankreich, Italien, Ungarn und natürlich in den USA diese geschwindigkeitssteigernde

Heute noch täglich in der Autonomen Republik Innere Mongolei zu erleben: Ein 1500 t schwerer Güterzug hat auf seinem Weg nach Osten gerade den letzten Tunnel der Westrampe des Jingpeng-Passes verlassen. Die innerchinesische Jitong-Railway betreibt ihre fast 1.000 km lange Strecke auch heute noch zum großen Teil mit den Dampfloks der BR QJ

und brennstoffsparende Entwicklung nicht verpassen. Doch nur in Deutschland und in den USA wurden nennenswerte Stückzahlen in Dienst gestellt. Die Nachteile stellten sich nämlich schnell heraus: Die Verkleidung senkte die Wartungsfreundlichkeit beträchtlich, außerdem kam es zu Wärmestaus im Triebwerksbereich. So wurden den deutschen Stromlinienloks, den Baureihen 01.10, 03.10 und 05, gleich nach dem Zweiten Weltkrieg die schmucken Verkleidungen abgenommen, man „entstromte" sie.

In riesigen Stückzahlen stellte die sich seit 1937 nur noch Deutsche Reichsbahn DR nennende Bahn während des Zweiten Weltkrieges so genannte Kriegsloks her, zweizylindrige Fünfkuppler (Achsfolge 1`E). Deren Konstruktionsgrundsatz war es, billig zu sein und nur die unbedingt notwendigen Bauelemente zu besitzen. Die Lebensdauer legte man nur für die erwartete kurze Zeit des Krieges aus. Von der schweren Variante Baureihe 42 entstanden 866 Maschinen, die leichtere „52" entstand in sage und schreibe 6285 Exemplaren. Nach dem Krieg war die „52" über ganz Europa verbreitet. Mit der vorgesehenen kurzen Lebensdauer klappte es nicht. Die „Kriegsloks" als Lokomotiven in billigster Sparausführung waren in vielen Ländern noch bis zum Ende der Dampftraktion im Einsatz und sind noch heutzutage vor vielen Museumszügen zu bewundern. Man kann eben auf vieles verzichten, was man zuvor für unverzichtbar hielt.

Während bei den Bahngesellschaften der USA in den vierziger Jahren die monumentalsten, stärksten und schnellsten Dampfloks das Licht der Welt erblickten, war deren Ende bereits in Sicht. Mit rasender Geschwindigkeit wurde ab 1950 auch die Garde der „Super Power Loks" durch die rundnasigen Diesellokomotiven von General Motors auf die Schrottgleise verdrängt. Ehrwürdige Dampflokhersteller wie Baldwin und Lima verschwanden sang- und klanglos von der Bildfläche.

In der übrigen Welt war man noch lange nicht so weit. In den fünfziger Jahren wurden viele moderne Dampflokkonstruktionen in Betrieb genommen,

»Stromliniendampfloks, die vergebliche Antwort auf die Elektro- und Dieselkonkurrenz«

in Europa besonders in England, Spanien, in der Tschechoslowakei und Deutschland. Die Deutsche Bundesbahn entwickelte noch fünf Baureihen und beschaffte 168 Maschinen. Die letzte war die noch erhaltene Lok 23 105, die 1959 in Dienst gestellt wurde. Viele Einheitslokomotiven wurden neu bekesselt, einige auch auf Ölfeuerung umgebaut. Im ersten Drittel der fünfziger Jahre wurden die markanten Wagner-Windleitbleche, auch „große Ohren" genannt, durch die wesentlich kleineren für deutsche Nachkriegsloks typischen Witte-Bleche ersetzt. In der DDR hielt man an der Bezeichnung „Deutsche Reichsbahn DR" bis zum Schluss fest. Diese Nachkriegs-DR beschaffte exakt 359 Neubaulokomotiven, die sich auf fünf normalspurige und zwei schmalspurige Bauarten verteilten. Dazu führte man die teilweise radikale Rekonstruktion von mehr als 700 Dampflokomotiven durch, die im Gegensatz zu den DB-Umbauten neue Ordnungsnummern erhielten. Während die letzten Schmalspurdampfer der ehemaligen DR noch heute im Plandienst fahren, fuhr der letzte dampfbespannte Planzug der DB am 26. Oktober 1977. Gezogen wurde er von der ölgefeuerten schweren Güterzuglok 043 903-4 des Betriebswerkes Emden, die von Batignolles in Frankreich gebaut wurde und als 44 903 im Jahre 1942 in die Dienste der DR trat. Nicht nur der Dieselmotor wie in den USA, sondern in großem Maße auch die Elektrotraktion war es gewesen, die den europäischen Lokomotiven das Rauchen abgewöhnte. Die Ablösung der Dampflok war ein Prozess, der pauschal betrachtet nicht weniger als ein halbes Jahrhundert dauerte.

Warum trauern so viele Menschen um die Dampflok und ihre Zeit? Warum werden in aller Welt Dampfloks als Denkmal aufgestellt oder gar neu belebt, in so großer Zahl wie kaum ein anderes technisches Produkt? Einfach darum, weil sie die Maschine schlechthin ist. Weil sie leicht nachvollziehbar aus den Elementen Feuer und Wasser Kraft und Bewegung schafft und sich der Mensch ihr auf sinnliche Art verbunden fühlt – Technik zum Anfassen, vielleicht ist es das!

Frischer Dampf aus dem Osten

Seit der ersten Fahrt des „Adlers" hatten 142 Jahre lang Dampf- und Rauchwolken über den Schienen Deutschlands geweht, bis das Feuer in der letzten Maschine der Deutschen Bundesbahn DB am 26. Oktober 1977 ausging. Auf westdeutschen Staatsbahngleisen galt fortan ein radikales Dampflokverbot. Erst mit dem 150-jährigen Bahnjubiläum im Jahre 1985 siegte auch in den Führungsetagen der DB das Traditionsbewusstsein, und der Bann fiel. Ganz unerwartet reaktivierte die DB ein halbes Dutzend ihrer schwarzen Riesen und lässt seitdem auch wieder private Museumsfahrzeuge auf ihr Netz.

Nach dem 2. Weltkrieg war ein zweiter deutscher Staat entstanden, in dem zu keiner Zeit vollständig auf Dampftraktion verzichtet werden konnte. Einschlägige Experten sprachen darum auch vom „Deutschen Dampflok-Refugium" DDR. Gut 10 Jahre länger als bei der DB fuhren dampfbespannte Planzüge auf Normalspurgleisen der „Deutschen Reichsbahn" DR.

Im Jahre 1993 vereinigten sich die beiden deutschen Staatsbahnen zur DB, was nunmehr aber „Deutsche Bahn AG" bedeutet. Die DR brachte ihren umfangreichen Bestand an hervorragend gepflegten Museumslokomotiven ein, viele waren betriebsfähig. Mit dem Aw Meiningen gehört auch ein komplettes Ausbesserungswerk für Dampfloks zur Hinterlassenschaft, ein unschätzbarer Gewinn für alle europäischen Museumsbahnen. Nicht vergessen werden dürfen die fast ausschließlich dampfbetriebenen Schmalspurbahnen als weiteres Erbe der Deutschen Reichsbahn. Wider Erwarten haben sämtliche bis auf den heutigen Tag überlebt. Dazu steigen an fast jedem Wochenende irgendwo über den Gleisen der DB AG die Dampf- und Rauchfahnen privater Museumsloks auf.

Und das in einem Land, in dem man vor einem Vierteljahrhundert noch dachte, bald seien die Feuer für alle Zeiten erloschen.

Drei-Tunnelblick im Veldener Tal. Gerade hat die 23 105, die letzte von der DB gekaufte Dampflok, den Tunnel verlassen, um über Hersbruck nach Nürnberg zu eilen. Gut 25 Jahre nach ihrer ersten Indienststellung im Dezember 1959 wurde sie anlässlich des Jubiläums „150 Jahre Deutsche Eisenbahn" von der DB 1985 reaktiviert.

23 PERSONENSCHLEPPTENDERLOK	
Bauart	1'C1' h2
Hersteller	die ersten bei Henschel
Stückzahl	105
Leistung	1785 PSi
Höchstgeschwindigkeit	110 Km/h
Ø Treib- u. Kuppelachse	1750 mm
Baujahr	1950 - 1959

Wer gut schmiert, der gut fährt, heißt es nicht nur bei den Dampfloks – aber bei ihnen ist diese Arbeit besonders gewissenhaft durchzuführen, um einen reibungslosen Verlauf einer Fahrt zu gewährleisten. Hier füllt der Heizer der 50 622 den im Führerstand befindlichen Boschöler mit dem dafür notwendigen Heißdampfschmieröl nach.

In Horka an der Strecke Cottbus – Görlitz muss eine Zugkreuzung abgewartet werden. Eine gute Gelegenheit für den Heizer von 52 8069, Öl für die Stangenlager nachzufüllen.

A rchaisch anmutende, aber robuste Technik pur. Die Kuppelachse einer Güterzuglokomotive der Baureihe 50. Der gelbe Streifen oberhalb der Lager dient zur Kontrolle, ob sich der Radreifen noch an seiner vorgeschriebenen Stelle befindet.

Lokparade im Süddeutschen Eisenbahnmuseum Heilbronn. An einem frühen Aprilmorgen präsentieren sich hier die betriebsfähige 38 3199, die 1999 aus Rumänien zurückgeholt wurde, sowie zwei Lokomotiven der BR 01.10 und eine der BR 52.80, die leider nicht mehr betriebsfähig sind. Alle vier Loks und noch einige mehr können allerdings jedes Wochenende in Heilbronn-Böckingen besichtigt werden.

52.80 GÜTERZUGSCHLEPPTENDERLOK

Bauart	1'E h2
Hersteller	Umbau DR in der DDR
Stückzahl	über 200
Leistung	1600 PSi
Höchstgeschwindigkeit	70 Km/h
Ø Treib- u. Kuppelachse	1400 mm
Baujahr	Umbau ab 1960

01.10 SCHNELLZUGLOKOMOTIVE

Bauart	2'C1' h3
Hersteller	Schwarzkopf, Berlin
Stückzahl	55
Leistung	2470 PSi
Höchstgeschwindigkeit	140 Km/h
Ø Treib- u. Kuppelachse	2000 mm
Baujahr	1939, Umbau DB ab 1953

38.10-40 PERSONENSCHLEPPTENDERLOK

Bauart	2'C h2
Hersteller	i. d. meisten deutschen Lokfabriken
Stückzahl	über 3500
Leistung	1180 PSi
Höchstgeschwindigkeit	100 Km/h
Ø Treib- u. Kuppelachse	1750 mm
Baujahr	1906 - 1928

Werksbahn mit einer Dampflok. Noch in den späten 70er-Jahren des letzten Jahrhunderts täglich in Betrieb: die Lokomotive der PWA in Kelheim an der Donau. Im Hintergrund die Befreiungshalle, die noch ein Jahrhundert mehr auf dem Buckel hat als der Vordergrund.

Nach dem Ende der Dampflokära bei der DB im Oktober 1977 blieben in der Bundesrepublik nur einige wenige Werksbahnen in Betrieb. Die Kokerei Anna in Alsdorf mit über zehn betriebsfähigen Loks war eine der größten unter ihnen. Im werkseigenen Bw sieht man die älteste Lok Anna 8 sowie zwei Loks der Bauart ELNA.

Eine der typischen Arbeiten zur Dampflokzeit: das Reinigen der Rauchkammer nach dem Zugdienst. Dieser Teil der so genannten Nachschau sowie das Ausschlacken und Abschmieren gehört selbstverständlich auch heute noch zu den Aufgaben des Lokpersonals.

Eindrucksvoll in Erscheinung treten aus dieser Perspektive die 2-Meter-Treibräder der 01.10. Hier wird die 01 1100 von Eisenbahnfreunden im Bahnbetriebswerk Hamburg-Eidelstedt für die nächste Sonderfahrt herausgeputzt.

An der Blockstelle Mainshof hat die 01 1100 auf ihrem Weg von Amberg nach Nürnberg fast den Scheitelpunkt der Strecke erreicht. Dank des 150-jährigen Eisenbahnjubiläums in Deutschland wurden knapp zehn Jahre nach Ende des Dampflokeinsatzes in dieser Region wieder dampfgeführte Reisezüge auf die Gleise geschickt.

Bahnhof Oschersleben am 13. Februar 1988 abends: Gleich wird 50 3520 nach Gansleben dampfen – einem Ort unweit der Staatsgrenze zur BRD. Ein gutes halbes Jahr später ist der planmäßige Dampfbetrieb hier und damit auf allen Gleisen der DR beendet und auch die Grenze sollte bekanntlicherweise nicht viel länger halten.

Glücksmomente für den passionierten Dampflokfotografen sind kalte Wintertage, blauer Himmel, Windstille und hohe Zuglasten. Dies alles traf bei der Sonderfahrt im Dezember 1976 von Tübingen nach Sigmaringen zu. Bei der Abfahrt aus dem Bahnhof Mössingen hilft der Zuglok 023 058 noch eine der Baureihe 50 als Schublok.

Längst abgewrackt ist die „Kandalakshales" der sowjetischen Staatsreederei, abgerissen das Stellwerk auf der, inzwischen durch Fahrleitungsmasten entstellten, Rendsburger Hochbrücke. Einzig der Nordostseekanal und die 01 1100 haben die letzten 15 Jahre unbeschadet überstanden. Zurückgekehrt in ihre alte Heimat absolviert sie hier während der Internationalen Verkehrsausstellung (IVA) 1988 eine Sonderfahrt auf ihrer Stammstrecke Hamburg-Westerland.

Ein Bonbon wurde den mitgereisten Eisenbahnfreunden während der Sonderfahrten anlässlich der IVA 1988 nach Puttgarden auf die zweitgrößte deutsche Insel angeboten. Die 01 1100 rangiert die für die Fahrt nach Kopenhagen bestimmten Reisezugwagen in den Bauch des inzwischen auch schon historischen Fährschiffes „Deutschland". Dieses Schauspiel gab es zur Dampflokzeit nie, da nach Fehmarn von Anfang an nur Dieselloks fuhren.

Mit Helmut König am Regler verlässt die 50 3688 des Bw Arnstadt den Bahnhof von Bad Schwartau auf ihrer Fahrt von Hamburg nach Plön in der holsteinischen Schweiz. Handbetriebene und bimmelnde Schranken gehören, wie zur Dampflokzeit, auch heute noch zum Bild der modernen Bahn.

41 GÜTERZUGSCHLEPPTENDERLOK

Bauart	1`D1` h2
Hersteller	die ersten bei Schwarzkopf
Stückzahl	366
Leistung	1975 PSi
Höchstgeschwindigkeit	90 Km/h
Ø Treib- u. Kuppelachse	1600 mm
Baujahr	1936, Umbau DB ab 1957

Halt in Oberhof/Thüringen zum Wasserfassen für die 042 271 der Rendsburger Eisenbahnfreunde auf ihrer ersten Sonderfahrt nach der Hauptuntersuchung in Meiningen. Die ölgefeuerte Lok der Baureihe 41 konnte damit beweisen, dass bei liebevoller und fachmännischer Betreuung auch eine 50 Jahre alte Lokomotive wieder zu Leben erweckt werden kann.

50 GÜTERZUGSCHLEPPTENDERLOK

Bauart	1'E h2
Hersteller	alle Lokomotivfabriken in Europa
Stückzahl	über 3100
Leistung	1625 PSi
Höchstgeschwindigkeit	80 Km/h
Ø Treib- u. Kuppelachse	1400 mm
Baujahr	1939 - 1943

Bei einer Begegnung im fränkischen Pegnitztal sehen wir im Mai 1974 zwei Vertreter einer aussterbenden Rasse. Die rote Lok der Baureihe V200.1 überlebte ihre schwarze Kollegin der BR 50 zwar um einige Jahre. Doch 1988 wurden dann auch die letzten Vertreter ihrer Gattung ausgemustert.

Zweckentfremdeter Wasserkran. Das nach dem Wasserfassen in Amberg noch nachtröpfelnde Wasser wird von zwei jungen Eisenbahnfreunden genutzt, um ihre vom Besuch auf dem Führerstand verschmutzten Hände zu säubern.

m herrlichen Schwarzatal liegt der kleine Ort Sitzendorf. Am Berghang
entlang führt die Strecke von Katzhütte nach Rottendorf. Mit ihren
preußischen Abteilwagen am Zughaken stört die 38 1182 nur
kurz die sonntägliche Ruhe.

An einem herrlichen Maimorgen verlässt der werktägliche Nah-güterzug mit 050 833 von Crailsheim nach Lauda den Bahnhof Blaufelden (oben). Aus der Sicht eines Nostalgikers stimmt hier noch jedes Detail in Landschaft und Bahnanlage.

Gnadenbrot für die 023 058 und die 053 089 des Bw Crailsheim waren im Herbst 1975 die täglichen Rübenzüge (von Crailsheim) nach Bad Friedrichshall-Jagstfeld zur Zuckerfabrik (unten). Kurz hin-ter Crailsheim befindet sich der 1500-Tonnen-Zug immer noch in der Beschleunigungsphase.

Herausgeputzt für die Dampflok-Abschiedsveranstaltung in Ulm strebt die 052 988 mit einem Güterzug im Mai 1976 gen Zielbahnhof. Das letzte Abendlicht lässt sie nochmals in vollem Glanz erstrahlen. Unvorstellbar, dass zwei Wochen später alles vorbei war.

58 GÜTERZUGSCHLEPPTENDERLOK

Bauart	1'E h3
Hersteller	Henschel und andere
Stückzahl	über 1350
Leistung	1540 PSi
Höchstgeschwindigkeit	65 Km/h
Ø Treib- u. Kuppelachse	1400 mm
1. Baujahr	1917

Früher unverzichtbar als leistungsfähige Güterzuglokomotive im sächsischen Mittelgebirge – heute im Besitz der Ulmer Eisenbahnfreunde: 58 311. An einem kalten Wintertag befördert sie in Thüringen einen Fotogüterzug von Arnstadt nach Meiningen.

Das Detail des Kreuzkopfes und der Gleitbahn einer Lok der Baureihe 50 demonstriert die Ästhetik der Dampfloktechnik.

Detail mit Fabrikschild. Eine Replik des Herstellerschildes aller Loks der Baureihe 01.10 ziert den linken Zylinder der gewaltigen Dreizylinder-Schnellzuglokomotive 01 1100.

86 GÜTERZUGTENDERLOKOMOTIVE	
Bauart	1`D1` h2
Hersteller	beinahe alle deutschen Lokfabriken
Stückzahl	über 770
Leistung	1030 PSi
Höchstgeschwindigkeit	70 Km/h
Ø Treib- u. Kuppelachse	1400 mm
Baujahr	1928

Das Ende einer Sonderfahrt von Amstetten nach Gerstetten. Die 86 346 der Ulmer Eisenbahnfreunde blieb im Februar 1975 auf der schwäbischen Alb mitten in einer Schneewehe stecken. Alles Schaufeln half nichts, so dass auf die Hilfe eines Dieseltriebwagens gewartet werden musste.

Zu den rührigsten Vereinen im Stuttgarter Raum gehört die GES. Die Loks 11 und 16 der Gesellschaft zur Erhaltung von Schienenfahrzeugen überqueren hier den Zazenhausener Viadukt auf einer Sonderfahrt von Stuttgart-Bad Cannstatt nach Kornwestheim.

RANGIERTENDERLOKOMOTIVE

Bauart	C h2
Hersteller	Aarhus / Dänemark
Stückzahl	keine Angabe
Leistung	350 PSi
Höchstgeschwindigkeit	50 Km/h
Ø Treib- u. Kuppelachse	1252 mm
1. Baujahr	1949

Dienst im Ausland verrichtet diese ehemalige dänische Rangiertenderlok No. 654 F seit über 25 Jahren. Mit Glück kann man sie heute noch auf der Angelner Dampfeisenbahn Kappeln-Süderbrarup im schönen Schleswig-Holstein, der nördlichsten Museumsbahn Deutschlands, bewundern. Typisch für die dänischen Loks: der mit den Landesfarben geschmückte Schornstein.

Eisenbahn zwischen den Meeren

Relativ spät begann in Skandinavien der Eisenbahnbau. Die sehr unterschiedlichen Landschaftsformen und das teilweise extreme Klima boten den Eisenbahningenieuren wahrlich keine günstigen Bedingungen. Ob lang gestreckte, von unzähligen Fjorden unterbrochene unwirtliche Gebirgslandschaften, ausgeprägte Seenlandschaften oder große Waldgebiete sowie aber auch erhebliche Entfernungen zwischen den besiedelten Gebieten, alles stellte den Konstrukteuren bei ihren Planungen große Hindernisse in den Weg. So verwundert es nicht, dass eine Vielzahl von teilweise mehreren Kilometern langen Brücken und Tunneln entstanden. Zusätzlich wurden Eisenbahnfährverbindungen erforderlich, die die einzelnen Eisenbahnnetze der jeweiligen Inseln miteinander verbanden.

Aufgrund der teilweise dünnen Besiedlung besonders im Norden Skandinaviens war die Wirtschaftlichkeit der Eisenbahn nur gering, aber die Beförderung von Gütern mit der Bahn war ohne Alternative. Am bekanntesten dafür – sicherlich auch heute noch – ist die berühmte Erzbahn von Kiruna nach Narvik in Norwegen.

Die Dauer des Einsatzes der Dampftraktion war in Skandinavien sehr unterschiedlich: Beim Ersatz der abgewirtschafteten Strecken und Fahrzeuge wurde in Norwegen bereits in den 50er-Jahren der Elektrifizierung der Vorzug gegeben, eine Entwicklung, die in Schweden noch eher einsetzte, da durch den Überschuss von durch Wasserkraft umweltfreundlich produzierter Elektroenergie der Dampflokomotivenbetrieb unrentabel wurde.

Lediglich bei der benachbarten DSB in Dänemark wurde durch die Verdieselung der reguläre Dampfbetrieb erst 1970 beendet. Vielleicht ist das auch der Grund dafür, dass es noch heute in diesem Land eine Vielzahl von betriebsfähigen Dampflokomotiven zu erleben gibt.

Auch die 4-zylindrige, ehemalige Schnellzuglok der DSB, Lok E 991, wurde noch einmal von Eisenbahnfreunden eingesetzt. Nicht ganz artgerecht mit einem Güterzug, dafür aber im originalgetreuen Erscheinungsbild wie z.B. mit dem ungewohnten 2-Licht-Spitzensignal konnte sie noch einmal an vergangene Zeiten erinnern.

In Norwegen haben das Jahr 2000 nur wenige Dampflokomotiven betriebsfähig erreicht – und diese werden auch nur selten eingesetzt. Das Foto zeigt Lok 271 mit einem Sonderzug auf der „Bergen-Bahn", die die Hafenstadt Bergen mit der Hauptstadt Oslo verbindet. Hat an der Küste der Frühling die Natur bereits aus dem Winterschlaf geweckt, so fährt der Zug wenige Stunden später noch durch Tiefschnee.

Die 3-zylindrige Maschine R 963 befördert einen von dänischen Eisenbahnfreunden organisierten Foto-Güterzug. Auch der auffällig für ein typisch dänisches Produkt werbende Güterwagen gehört mittlerweile zum Museumswagenbestand dieses Vereins.

4MT PERSONENZUGTENDERLOK

Bauart	1' C 2' h2t
Hersteller	Brighton
Stückzahl	155 (4 erhalten)
Gesamtgewicht	85 t
Spurweite	1435 mm
Ø Treib- u. Kuppelachse	1727 mm
Baujahr	1951 bis 1957

Alleine schon diese Bahn ist einen ganzen Sommerurlaub wert: die „Severn Valley Railway" nahe Birmingham. In der malerischen Station Arley zwischen Bridgnorth und Kidderminster hält gerade die BR- Standardlok 80 079 von R.A. Riddles Klasse 4MT.

Großbritannien

Nationale Leidenschaften im Mutterland der Eisenbahn

Der erste Zug der Welt fuhr im September 1825 von Stockton nach Darlington. Unser ganzes heutiges Eisenbahnwesen beruht auf der englischen Pionierarbeit der ersten Jahre: das Profil der Schienen, die vom Radabstand von Postkutschen abgeleitete Spurweite 1435 mm, fortan als Normalspur bezeichnet, vieles was Trassierung und Kunstbauten betrifft. Auch bei den Fahrzeugen gab der Urvater der Eisenbahn George Stephenson die meisten bis in neuere Zeiten angewandten Ideen vor. Nach dem 1. Weltkrieg fand eine Konzentration auf vier große Gesellschaften statt: die „Southern", die „Great Western Railway" GWR, die „London Midland & Scottish Railway" LMS und die „London & North Eastern Railway" LNER. In der großen Zeit der Dampflok zwischen den beiden Weltkriegen baute man auch in Großbritannien immer stärkere und immer schnellere Maschinen. So stellte die Lok „Mallard", Klasse A 4 der LNER, im Jahre 1938 mit 202,8 km/h den Weltrekord für Dampfloks auf und übertraf damit die seitherige Rekordhalterin 05 002 der Deutschen Reichsbahn um ganze 0,4 km/h. 1948 entstanden die „British Railways" BR durch Nationalisierung der vier großen Privatbahnen. Unter ihrer Regie wurde noch eine große Stückzahl von Standarddampfloks gebaut. 1968 kam das abrupte Ende der Dampflokherrlichkeit mit absolutem Bann auf britischen Schienen. Doch das konnte nur bis 1971 durchgesetzt werden im Land der meisten und zugleich überzeugtesten Eisenbahnfreaks der Welt. Inzwischen gibt es mehr als 120 Eisenbahnmuseen und aktive Museumsbahnen. Wovon man in anderen Ländern nur träumen kann: Gleich hinter Fußball und Angeln rangiert die historische Eisenbahn als Nationalhobby Nr. 3. Nur die historische, wohlgemerkt; über das moderne Eisenbahnwesen in England schweigt des Schreibers Höflichkeit!

Ein besonderes Kapitel stellen die „Great little trains of Wales" dar. In diesem leider besonders niederschlagsreichen Teil der von Haus aus alles andere als trockenen Insel fährt eine Fülle von Bahnen auf kleinen Spurweiten. Eine von ihnen ist die 4,5 Meilen lange Bala Lake Railway, Spurweite 600 mm. Im Bahnhof Llanuwchllyn rangiert die B-Satteltanklok No. 5 „Maid Marian". Wie die bauartgleiche No. 3 „Holy War" im Hintergrund wurde sie 1903 bei Hunslet gebaut und arbeitete bis 1964 in einem walisischen Schieferbruch.

Blick in den Führerstand einer LNER-Lok im Eisenbahnmuseum York. Das linke Manometer zeigt den Unterdruck in der Bremsleitung an, die rechten den Kesseldruck.

4500 (GWR) PERSONENZUGTENDERLOK	
Bauart	1' C 1' h2t
Hersteller	Swindon
Stückzahl	175 (14 erhalten)
Gesamtgewicht	57 t
Spurweite	1435 mm
Ø Treib- u. Kuppelachse	1409 mm
Baujahr	1906 bis 1924

Zwischen Torbay und Dartmouth an der Südküste Englands bietet die „Dart Valley Railway Association" prächtige Blicke aufs Meer. Auf der ehemaligen Linie der „Great Western" laufen die originalen Maschinen von einst, hier die 1`C 1` „GWR No. 4555" von Churchwards Klasse 4500. In England wird eine Lokbaureihe bzw. Klasse üblicherweise zusammen mit dem Chefingenieur genannt, der für ihre Entstehung verantwortlich war.

In den Jahren kurz vor dem 2. Weltkrieg waren Stromlinienloks bei vielen Bahngesellschaften ein Muss. Die Stromschale der LNER-Klasse A 4 wurde als Besonderheit in Keilform ausgeführt, wie sie schon Bugatti bei Triebwagenkonstruktionen angewandt hatte. Die nach ihrem Erbauer benannte Lok LNER No. 4498 „Sir Nigel Gresley" auf dem Aisgill-Viadukt zwischen Carlisle und Settle ist die Schwester der No. 4468 „Mallard", der schnellsten Lok der Welt.

A4 SCHNELLZUGSCHLEPPTENDERLOK

Bauart	2´ C 1´ h3
Hersteller	Doncaster
Stückzahl	34 (6 erhalten)
Gesamtgewicht	164 t
Spurweite	1435 mm
Ø Treib- u. Kuppelachse	2031 mm
Baujahr	1936 bis 1937

Von Jenbach nach Mayrhofen verkehrt in Österreich die schmalspurige Zillertalbahn. Für die Beförderung der vielen Touristen dieser Region kann man hier im Sommer wie im Winter aus dem dampflokbespannten Bummelzug den Blick auf die Landschaft genießen.

52er-Friedens-loks und viel Dampf auf schmaler Spur

Der offizielle Abschied der Österreichischen Bundesbahnen ÖBB von der Dampftraktion auf Normalspurgleisen fand 1978 in Wagram statt. Es war eine Geste voller Symbolik. Denn auch der erste Dampfzug 1837 verkehrte zwischen Floridsdorf und Wagram. Die letzte normalspurige Lokomotive der ÖBB war nicht etwa eine altösterreichische Type, sondern gehörte zur unverwüstlichen und nicht nur in Europa allgegenwärtigen deutschen Baureihe 52, der Kriegslok. Wie in vielen anderen Ländern stellte dieser Typ das friedliche Hauptkontingent des späten Dampflokparks.

Auf 760 mm-Schmalspurgleisen durften Lokomotiven der ÖBB wesentlich länger dampfen. So wurde die Steyrtalbahn, deren Gleise niemals eine Diesellok enthert hatte, erst 1981 eingestellt. Ein kleinerer Erdrutsch hatte den willkommenen Anlass gegeben. Die Schmalspurdampfloks der Waldviertelbahn mussten sich zwar jahrzehntelang die Arbeit mit Dieselloks teilen, wurden aber bis in die neunziger Jahre für Reservezwecke unterhalten. Zur Freude ihrer Fahrgäste haben die Loks der schmalspurigen ÖBB-Zahnradbahn auf den Schafberg bis auf den heutigen Tag das Rauchen nicht eingestellt. Eine Zahnradstrecke ganz anderer Dimensionen stellte die normalspurige steyrische Erzbergbahn von Vordernberg nach Eisenerz dar, die 1978 verdieselt und zehn Jahre später eingestellt wurde. Sie hatte das Zeug zum Weltkulturerbe.

Neben den Museumsloks der ÖBB sind zahlreiche Dampfloks im Besitz von Vereinen und privaten Betreibern erhalten geblieben. So kann man in den Sommermonaten von Jenbach aus sowohl mit der Zahnradbahn hinauf zum Achensee dampfen als auch im Dampfzug der Zillertalbahn die Berge Tirols bewundern.

Besondere Vorsich

Nicht öffentlicher Eisenbahnnebe

Benützung durch Nichtberechtigte ver

399 STÜTZTENDER-SCHMALSPURLOK

Bauart	D 2 h2st
Hersteller	Krauss
Stückzahl	6
Spurweite	760 mm
Höchstgeschwindigkeit	40 Km/h
Ø Treib- u. Kuppelachse	920 mm
1. Baujahr	1906

Ihrem Namen alle Ehre macht die Waldviertelbahn der ÖBB. Auf dem Streckenabschnitt zwischen Steinbach-Großpertholz und Groß-Gerungs durchquert die 399.06 mit ihrem Güterzug große Waldgebiete. Die Schmalspurbahn mit einer Spurweite von 760 mm hatte im Waldviertel ein ausgedehntes Streckennetz.

97.2 ZAHNRADTENDERLOKOMOTIVE

Bauart	C 1
Hersteller	Wiener Lokomotivfabrik AG Floridsdorf
Stückzahl	18
Leistung	unbekannt
Höchstgeschwindigkeit	30/25 Km/h
Ø Treib- u. Kuppelachse	1050 mm
Baujahr	1890 bis 1908

Inzwischen längst stillgelegt: die Erzbergbahn in der Steiermark. Kurz hinter Vordernberg-Markt wird von der 97 210 ein Zug mit leeren Erzwagen über den Scheitelbahnhof Präbichel zur Verladung nach Erzberg gebracht. Typisch für diese Jahreszeit: der Frühling im Tal und in den Bergen noch tiefster Winter.

Mit ihrem Personenzügle gerade im Endbahnhof Molln angekommen, warten die ersten Fahrgäste schon auf die Rückfahrt Richtung Grünburg. Die Steyrtalbahn hatte in den 70er-Jahren des letzten Jahrhunderts nicht nur einen beachtlichen Personenverkehr, sondern bediente auch noch die Sägewerke der Region mit Nachschub auf der gesamten Strecke von Garsten nach Klaus an der Pyhrnbahn.

Im Heizhaus Graz der Graz-Köflacher Eisenbahn im südlichen Österreich warten an einem beschaulichen Sonntag die beiden Arbeitspferde der Bahn, die 50 1171 und die 152 1365, ausgestattet mit dem kohlesparenden Gieselejektor, auf ihren nächsten Einsatz.

Dampfspeicherlok No. 3012 auf schmalster Spur. Im schönen Aisttal bei Schwertberg war der Arbeitsplatz dieser schnuckeligen Lok im Kaolintransport. Direkt neben der Straße führte ihre 600-mm-Strecke vom Werk Josephsthal der Kamig AG zur Verladung an der Hauptbahn.

Abfahrend von der 560 m hoch gelegenen Talstation Brienz klettert die 7,6 km lange BRB auf 2250 m. Eingesetzt werden zehn Dampfloks, alles Konstruktionen von SLM. Nr. „2" bis „4" waren bereits 1891 bei der Eröffnung der Bahn dabei. Gleichen Jahrgangs sind die baugleichen Nr. „1" und „5", die von anderen Bahnen übernommen wurden. Nr. „6" und „7" kamen als Neubauten 1933 und 1936 nach Brienz. Die abgebildete Lok ist eine der beiden moderneren Maschinen. Übrigens werden alle Dampfer der BRB nur über das Zahnradtriebwerk bewegt. Die Räder auf den Schienen besitzen lediglich stützende und führende Funktion. Seit 1991 erweitern drei nach neuesten Erkenntnissen konstruierte leichtölgefeuerte Dampfloks den Fuhrpark.

Auf steilem Zahn in stolze Höhen

Nach 1917 beschafften die „Schweizerischen Bundesbahnen" (SBB/CFF) keine Dampfloks mehr, denn kriegsbedingt war der Import von Kohle problematisch geworden. So besann man sich der heimischen Wasserkraft und setzte fortan auf Elektrifizierung des gesamten Netzes. Erst 1960 konnte das Vorhaben abgeschlossen werden. Acht Jahre später waren die letzten Dampfloks der SBB ausgemustert. Bei den vielen Privatbahnen hatte man noch früher den Lokomotiven das Rauchen abgewöhnt. Der „Rhätischen Bahn" (RhB) gelang das schon 1922. Doch Staatsbahn wie auch einige Privatbahnen halten für gelegentliche Nostalgiefahrten noch Dampflokomotiven betriebsbereit. Die Schweiz ist auch das Mutterland der Zahnradbahnen. Die „Vitznau-Rigi-Bahn" (VRB) ging 1871 als erste Europas in Betrieb. Ihr Erbauer war Nikolaus Riggenbach, der schon 1847 auf der „Limmat" den ersten Zug in der Schweiz führte. Sein Zahnstangensystem verbreitete sich in der Folgezeit weltweit. Nur eine einzige Bahn im Land ist von Anfang an der Dampftraktion treu geblieben, die „Brienz-Rothorn-Bahn" (BRB). Sie verwendet auf ihren 800 mm-Gleisen Zahnstangen des Systems Abt und bewältigt mit deren Hilfe Steigungen bis 25 Prozent. 1891 eröffnet, musste der Betrieb bereits 1914 eingestellt werden, da mit Ausbruch des Ersten Weltkriegs die Fahrgäste ausblieben. Als man 1931 den Wiederbeginn wagte, hing über vielen anderen Zahnradbahnen bereits der Fahrdraht. Doch gerade die Dampftraktion war und bleibt die Trumpfkarte der BRB. Seit 1993 hat sie aber Konkurrenz bekommen durch die „Dampfbahn-Furka-Bergstrecke" (DFB). Auf den Meterspurgleisen des 1981 von der „Furka-Oberalpbahn" (FO) aufgegebenen Streckenabschnittes zwischen Realp und Gletsch erfreuen drei prächtig renovierte Zahnradlokomotiven ihr Publikum.

"6" & "7" (BRB) ZAHNRADLOK ABT	
Spurweite	800 mm
Hersteller	SLM
Stückzahl	2
Leistung	300 PSi
Gesamtgewicht	20 t
Ø Treib- u. Kuppelachse	573 mm (Zahnrad)
Baujahr	1933 und 1936

Mächtig Schwung holen RhB Nr. 107 und Nr. 108 für die 45-Promille-Rampe von Klosters hinauf nach Davos (02.10.1977). Die beiden Stars der meterspurigen Rhätischen Bahn in Graubünden wurden 1906 gebaut und sind heute noch so rüstig wie eh und je. Das Brücklein über die Landquart aber ist längst verschwunden.

G 4/5 (RhB) UNIVERSALLOKOMOTIVE

Bauart	1'D h2
Hersteller	SLM
Stückzahl	29 (erhalten 3, davon 1 in Thailand)
Leistung	800 PSi
Höchstgeschwindigkeit	45 Km/h
Ø Treib- u. Kuppelachse	1050 mm
Baujahr	1904 bis 1915

Direkt neben der Schiffsanlegestelle am Vierwaldstätter See befindet sich das Fahrzeug-depot der VRB. Lok „16" wartet auf die Ankunft des Raddampfers, der die Fahrgäste zu ihrem Nostalgiezug bringen wird. Dampfzüge verkehren nur an wenigen Sonntagen im Jahr. Die Bahn ist seit 1937 elektrifiziert.

"16" & "17" ZAHNRADLOK RIGGENBACH

Bauart	C 1' t
Hersteller	SLM
Stückzahl	2
Leistung	500 PSi
Höchstgeschwindigkeit	6 Km/h
Ø Treib- u. Kuppelachse	744 mm
Baujahr	1923 bis 1925

Die Fahrt des ersten Zuges in der Schweiz auf der „Spanisch Brötli-Bahn" von Zürich nach Baden jährte sich am 9. August 1997 zum 150. Mal. Nach dem Fluss durch Zürich hieß die Lok „Limmat" und war bis 1882 im Einsatz. Im August 1997 dampfte diese Maschine und ihre Wagengarnitur von einst zwischen Luzern und Küssnacht. Bei den Fahrzeugen handelt es sich aber um originalgetreue Nachbauten, die anlässlich des 100. Bahnjahres 1947 gefertigt wurden.

LIMMAT MUSEUMSLOKOMOTIVE	
Bauart	2'A
Hersteller	Kessler / Karlsruhe
Stückzahl	1 Nachbau
Leistung	90 PSi
Höchstgeschwindigkeit	40 Km/h
Ø Treib- u. Kuppelachse	etwa 1400 mm
Baujahr	1847 (Nachbau 1947)

SCHWEIZERISCHE LOCOMOTIV- & MASCHINEN-FABRIK N°2419 WINTERTHUR 1914

SYSTEM ABT

Blick auf die Heusinger-Steuerung der DFB Nr. 2 „Gletschhorn".

Lok HG 3/4 Nr. 1 „Furkahorn" auf dem 4 km langen Anstieg von Realp zur Station Furka im Tal der Furkareuss. Die Strecke ist mit Doppel-lamellenzahnstangen des Systems Abt ausgerüstet.

HG 3/4 (FO) ZAHNRADLOK ABT

Bauart	1'C h4vt
Hersteller	SLM
Stückzahl	10 (erhalten 4)
Leistung	600 PSi
Höchstgeschwindigkeit	45/20 Km/h
Ø Treib- u. Kuppelachse	910 mm
Baujahr	1913 bis 1914

Die 1`C 1`-Lok „402" der FdS in der Steilrampe zwischen Lanusei und Stazione di Arzana im Südosten Sardiniens. Wie die meisten Abschnitte der Bahn ist dieser Teil der Strecke fast unzugänglich. Die Schmalspurbahnen Sardiniens haben längst ihre verkehrstechnische Bedeutung eingebüßt und müssen ihre Zukunft in touristischen Angeboten finden.

400 - 402 (FdS) NEBENBAHNTENDERLOK

Bauart	1`C 1` h2t
Hersteller	Officine Meccaniche Italiane
Stückzahl	3
Spurweite	950 mm
Höchstgeschwindigkeit	45 Km/h
Ø Treib- u. Kuppelachse	1000 mm
1. Baujahr	1931

Trenino verde auf scartamento ridotto

Auf den Import von Kohle angewiesen wie die Schweiz, begann auch Italien bereits 1902 mit der Elektrifizierung von Eisenbahnlinien. Die 1905 gegründete Italienische Staatsbahn „Ferrovie dello Stato" (FS) verzichtete ab 1930 auf Neuanschaffung von Dampflokomotiven. Das geschah zu einem Zeitpunkt, als der Höhepunkt der Entwicklung dieser Maschinen in anderen Ländern noch bevorstand. Da volle Elektrifizierung des Netzes der FS bei weitem nicht erreicht wurde, musste man mit den vorhandenen Fahrzeugen bis zur Ablösung durch die Dieseltraktion auskommen. In welchem Jahr das war, ist nicht exakt zu datieren. Die Zahl der Dampfloks und die Anzahl ihrer Einsätze gingen nämlich im Gegensatz zu anderen Ländern ganz allmählich zurück. Gegen Ende der achtziger Jahre waren immerhin noch bis zu 40 Maschinen betriebsfähig.

Ab 1941 begann der Umbau einer großen Stückzahl von 1`D-Güterzugloks der Reihe 740 auf Rauchgasvorwärmung nach Franco-Crosti, der die äußere Erscheinung der Maschinen völlig veränderte. Diese darauf Reihe 743 und 741 (Umbauten ab 1954) genannten Versionen zeichneten sich durch eine wesentliche Verbesserung des Wirkungsgrades und damit der Wirtschaftlichkeit aus und verhalfen der Dampftraktion zu neuer Anerkennung.

Unter den vielen Privatbahnen verwenden einige die für Italien typische Spurweite von 950 mm. Die „Ferrovie Complementari della Sardegna" (FdS) zogen vor wenigen Jahren ein paar Dampfloks von den Abstellgleisen und fahren mit ihnen als „trenini verdi" bezeichnete Touristenzüge durch die beeindruckenden Landschaften Sardiniens. Erwähnt werden muss auch die Privatbahn „Ferrovie Calabro- Lucane" (FCL), deren Schmalspurlinien die faszinierende Bergwelt der Südspitze des Stiefels erschließen.

Die beiden in Cagliari Monserrato beheimateten Lokomotiven 43 und 402 der sardinischen Schmalspurbahnen haben Mándas mit einem Güterzug verlassen und überqueren eine Brücke in der Nähe der Ortschaft Orroli. Die Strecke verläuft weiter über Seui und in atemberaubender Trassierung durch die Berge, bis bei Árbatax das Mittelmeer erreicht wird.

Die italienischen Lokomotiven der Baureihe 741 waren mit einem Franco-Crosti-Kessel ausgerüstet, der zur Wasservorwärmung mittels der Rauchgase diente. Auffällig ist der konstruktionsbedingte seitliche Anbau des Schornsteins. Die Lokomotiven beförderten Anfang der 70er-Jahre noch Reisebüro-Sonderzüge auf der Strecke Bruneck – St. Candido in Südtirol.

741 (FS) GÜTERZUGSCHLEPPTENDERLOK

Bauart	1' D h2
Hersteller	Ansaldo, Breda, Henschel, Saronno, u.a.
Stückzahl	80
Spurweite	1435 mm
Ø Treib- u. Kuppelachse	1360
Baujahr	ab 1911, Umbau ab 1954

GRUPPE 380 (FCL) GÜTERZUGTENDERLOK

Bauart	D h2t
Hersteller	Borsig, Breda
Stückzahl	8
Leistung	800 PSi
Höchstgeschwindigkeit	40 Km/h
Spurweite	950 mm
Baujahr	ab 1926

Hinter dem dicken D-Kuppler Nr. „358" der FCL ragt die Normannenfestung von Morano Calabro empor. Die Borsig-Konstruktion führt einen Arbeitszug auf „scartamento ridotto" (= Schmalspur) 950 mm von Castrovillari nach Bivio Latronico. Am Tag der Aufnahme im Juli 1977 brennt die Sonne besonders unbarmherzig vom Himmel über Kalabrien.

1 bis 7 (FdS) NEBENBAHNTENDERLOK	
Bauart	1´C n2t
Hersteller	Breda
Stückzahl	7
Spurweite	950 mm
Höchstgeschwindigkeit	45 Km/h
Ø Treib- u. Kuppelachse	1000 mm
1. Baujahr	1914

Die mittlere der drei Schmalspurlinien auf Sardinien führt von Macomer an die Westküste. 250 m unter der kleinen 1´C-Maschine Nr. „5" der FdS ist der aragonesische Turm aus dem 15. Jahrhundert zu erkennen, der gleich neben der Endstation Bosa Marina aus dem Mittelmeer ragt.

Nr. „402" im schroffen Gennargentu-Gebirge. Dem Zug stehen noch 91 km Fahrt durch bizarre unberührte Landschaften bis zu seinem Zielbahnhof Lanusei bevor. Diese südlichste der 950 mm-Linien Sardiniens verbindet die Hafenstädte Cagliari und Arbatax quer über die Berge und steigt bis auf 850 m. Im Triebwagen dauert die 229 km lange Fahrt stolze neun Stunden.

E 111 BIS 114 NEBENBAHNLOKOMOTIVE

Bauart	1´C n2t
Hersteller	Kessler
Stückzahl	4
Spurweite	1000 mm
Gesamtgewicht	31,9 t
Ø Treib- u. Kuppelachse	1000 mm
Baujahr	1904 bis 1907

K leine Lok in gewaltiger Schlucht.
Beim Bau der meterspurigen
Linha do Tua mussten sich die Ingenieure
gewagte Trassierungen einfallen lassen, um hinunter zur Endstation Tua im Tal des Douro zu gelangen.
Den Güterzug führt die 1`C-Lok „E 111", 1904 von Emil
Kessler / Esslingen an die Companhia Nacional geliefert.

Alt-Esslingen unterwegs auf der Linha do Tua

Es wird immer wieder behauptet, es läge eine verhaltene Melancholie über diesem Land, die ihre Ursache habe im Schmerz über den Verlust seiner einstigen Bedeutung und Größe. Vielleicht aus einem solchen Schmollwinkel heraus hatte man sich so lange dem Fortschritt verschlossen und erst 1856 der Eisenbahn eine Chance eingeräumt. Doch im Laufe der Jahre erwuchsen schließlich stattliche Netze von 2830 km auf Breitspur 1676 mm und 759 km auf Meterspur. Letztere konzentrierte sich auf die nordportugiesische Hafenstadt Porto und deren weitere Umgebung. 1947 wurden die verschiedenen Privatbahnen des Landes von der staatlichen „Companhia dos Caminhos de Ferro de Portugal" (CP) übernommen.

Auf Breitspur endete der Einsatz von Dampflokomotiven bereits Mitte der siebziger Jahre, auf Meterspur musste man noch länger mit der alten Technik auskommen. Der Maschinenpark auf Meterspur hatte zum Schluss ein Durchschnittsalter von 70 Jahren. Die Bauarten reichten vom leichten C-Kuppler aus Esslingen bis zur schweren (1`B) C-Mallet aus Kassel. Die einstmals genau 66 Meterspurloks mussten nach und nach Triebwagen und Dieselloks Platz machen oder wurden durch Umspurung bzw. Einstellung ihrer Linien überflüssig.

Der letzte portugiesische Dampfzug fuhr Ende Juli 1986. Besonders die meterspurigen Nebenbahnen, welche die nördlichen Seitentäler des Douro erschlossen, boten nostalgischen Flair inmitten prächtiger unverbauter Landschaft. Heutzutage lässt sich portugiesische Dampfherrlichkeit nur noch außerhalb der Landesgrenzen erleben: Eine der großen meterspurigen Henschel-Mallets wurde nach Frankreich an die Chemins de Fer de la Provence verkauft und wird gelegentlich zwischen Nizza und Digne vor Touristenzügen eingesetzt.

11 JZ = 424 MÁV SCHNELLZUGLOK

Bauart	2'D h2
Hersteller	MÁVAG
Stückzahl	281 (bei JZ: 62)
Leistung	1760 PSi
Höchstgeschwindigkeit	90 Km/h
Ø Treib- u. Kuppelachse	1606 mm
Baujahr	1924 bis 1958

Bei der prächtig lackierten Paradelok JZ 11-023 handelt es sich um die berühmte Reihe 424 der ungarischen MÁV. Die Schnellzuglok auf der Drehscheibe in Ljubliana ist 1946 speziell für die damalige JDZ gebaut worden.

Wo der k.u.k.-Doppeladler noch über den Dampfwolken schwebt

Im westlichsten Teil des zerfallenen Viel-völkerstaates Jugoslawien fuhren schon 1980 keine Dampfzüge mehr. Doch im Dampflokdepot der Hauptstadt Ljubliana richtete man bald darauf ein Eisen-bahnmuseum ein, welches nicht nur äu-ßerlich restaurierte Ausstellungsstücke besitzt, sondern auch betriebsfähige Lokomotiven unterhält. Noch unter der Regie der Jugoslawischen Staatsbahn JZ fuhr 1986 der erste dampfgeführte Museumszug über die Wocheinerbahn anlässlich deren 80-jährigem Jubiläum. Zuglok war 17-006.

Die Vielfalt an Lokomotiven im Museum verdeutlicht, dass das Eisenbahnnetz Sloweniens seine Wurzeln sowohl in der österreichischen Südbahn hat als auch in der kaiserlich-königlichen öster-reichischen Staatsbahn kkStB und der ungarischen MÁV. Die bis zum Aus-klang des Dampfzeitalters gefahrenen Typen sind in ihrem letzten Betriebszu-stand erhalten. Schon seit Ewigkeiten abgestellte und wesentlich höheren Res-taurationsaufwand erfordernde Maschi-nen wurden in den Zustand zurückver-setzt, in dem sie ihre beste Zeit hatten. So kommt es, dass sich einige Loks wieder in ihrem ehemaligen Aussehen bei Südbahn und kkStB präsentieren.

Ebenfalls aufwendig aufgearbeitet wurde ein Museumszug mit österreichischen Zweiachsern, Baujahre zwischen 1893 und 1914. Dampfbespannt verkehrt die-ser auf der Wocheinerbahn, einer der letzten bedeutenden nichtelektrifizier-ten Alpenbahnen. Die Fahrten sind seit 1987 eine Touristenattraktion und wer-den in der Sommersaison einmal pro Woche durchgeführt.

Doch rollendes Material muss ständig unterhalten werden, mit nur saisona-lem Betrieb kann kaum Kostendeckung erreicht werden. Dies bedroht den Weiterbetrieb der Museumszüge.

Die JZ 17-006 ist die ehemalige 324.164 der MÁV. Der Typ wurde für den Budapester Vorortverkehr entwickelt in Anlehnung an die badische VIc (DRG-Baureihe 7.54, 7510). Die mehr als 85 Jahre alte Maschine befördert ihren Museumszug aus altösterreichischen Wagen durch das liebliche Hinterland von Triest auf dem Weg von Nova Gorica nach Sezana.

17 JZ = 342 MÁV PERSONENZUGLOK

Bauart	1'C 1' h2t
Hersteller	MÁVAG, Henschel
Stückzahl	296 (bei JZ: 86)
Leistung	960 PSi
Höchstgeschwindigkeit	90 Km/h
Ø Treib- u. Kuppelachse	1606 mm
Baujahr	1915 bis 1919

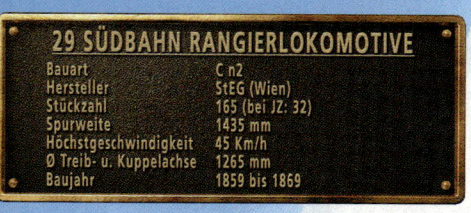

29 SÜDBAHN RANGIERLOKOMOTIVE

Bauart	C n2
Hersteller	StEG (Wien)
Stückzahl	165 (bei JZ: 32)
Spurweite	1435 mm
Höchstgeschwindigkeit	45 Km/h
Ø Treib- u. Kuppelachse	1265 mm
Baujahr	1859 bis 1869

In Lok „718" der Südbahnreihe 29 ist die ehemalige 124-004 der JZ zurückverwandelt worden. Die Reihe 29 wurde zwischen 1859 und 1869 gebaut und war ungewöhnlich langlebig. Nach 1939 kamen noch einige der uralten Maschinen als Baureihe 53.71 zur Deutschen Reichsbahn. Bei der privaten österreichischen Graz-Köflacher-Bahn GKB war eine 29er als Lok „671" noch 1969 im planmäßigen Rangiereinsatz. Sie ist bis auf den heutigen Tag fahrbereit geblieben.

Die in Deutschland gebaute 4-Zylinderverbundlokomotive der Baureihe 01 für die Jugoslawische Staatsbahn hat nur sehr wenig Ähnlichkeit mit der allseits bekannten 01 der Deutschen Reichsbahn. Im Jahr 1973 bedeutete das Fotografieren solcher Lokomotiven noch ein nicht unerhebliches Risiko, unangenehmen Kontakten mit so genannten Staatsorganen ausgesetzt zu sein.

Unsere 83 173 ist soeben in Jatace angekommen, 2001 noch die vorläufige Endstation des wieder aufgebauten Teils der 760-mm-Schmalspurlinie über den Sagenpass, die einst Titovo Uzice mit Sarajewo verband. Die „83" war die meistverbreitete Schmalspurtype Jugoslawiens. Die abgebildete D 1`-Lok gehört zu einer Anzahl von Heißdampf-Zweizylindermaschinen, die 1948 entstanden. Sie waren Nachbauten von Nassdampf-Zweizylinder-Verbundloks, welche Krauss / Linz ab 1903 an die Bosnisch-Herzegowinische Staatsbahn geliefert hatte.

83 UNIVERSALLOKOMOTIVE

Bauart	D 1` n2v und D 1` h2
Hersteller	Krauss / Linz, Duro Dakovic
Stückzahl	183
Spurweite	760 mm
Höchstgeschwindigkeit	35 Km/h
Ø Treib- u. Kuppelachse	900 mm
Baujahr	1903 bis 1949

Dampfloks fotografieren jetzt ohne Risiko

Jugoslawien galt als eines der schwierigsten Länder für Eisenbahnfreunde, obwohl Deutsche für die Einreise nicht einmal ein Visum benötigten. Schon das Herumstehen in der Nähe von Eisenbahnanlagen ohne Fotoapparat führte zu verbalen Verwarnungen. Versuchte man das Verbotene, so hatte man durchschnittlich 1,5 Festnahmen pro Tag zu erwarten. Das galt nicht für die vom Tourismus profitierenden Regionen in den Teilrepubliken Kroatien und Slowenien, aber ausgerechnet dort verschwand die Dampftraktion zuerst.

Dabei bot der Fahrzeugpark der „Gemeinschaft der Jugoslawischen Eisenbahnen" Zajednica Jugoslovenskih Zeleznica, kurz „JZ", ein sehr buntes Bild. Maschinen aus Österreich und Ungarn gab es ebenso wie speziell für Jugoslawien in Deutschland gebaute und zwischen den beiden Weltkriegen gelieferte Loks. Zusätzlich sorgten Kriegslokomotiven aus Deutschland, England und den USA für Abwechslung. Besonders alte und seltene Typen gab es bei den zahlreichen Industriebahnen.

Einmalige Eindrücke bot das 760-mm-Schmalspurnetz, welches 2000 km umfasste. Die ungewöhnlichsten Konstruktionen beförderten auf dramatischen Bergstrecken selbst Fernreisezüge. Mitte der siebziger Jahre kam das Ende. Eine Verdieselung erübrigte sich. Die Linien wurden umgespurt oder durch alternativ trassierte Normalspurlinien ersetzt. Um 1980 war die Dampflokvielfalt auf Normalspur drastisch auf wenige Baureihen geschrumpft. Doch bis zum Ende des Dampfbetriebs bei der Staatsbahn 1989 hielt sich die BR 33. Keine andere als die deutsche 52er-Kriegslok verbirgt sich hinter dieser Nummer.

Die folgenden Jahre brachten den Zerfall von Jugoslawien und Bürgerkrieg. Inzwischen sind auch drei normalspurige Dampfloks wieder fahrbereit. Auch einige Werksbahnen in Serbien können noch nicht vollständig auf Dampftraktion verzichten.

JDŽ-JAҖ

01-088

MASCHINENBAU-GESELLSCHAFT
KARLSRUHE
№2250   1922

ŽELIČKO LOŽISTE

ВОЗНИ ВОД

ОПАСНО ПО ЖИВОТ

01 SCHNELLZUGSCHLEPPTENDERLOK
Bauart   1'C 1' h4
Hersteller   Karlsruhe, Schwartzkopff
Stückzahl   120
Spurweite   1435 mm
Höchstgeschwindigkeit   90 Km/h
Ø Treib- u. Küppelachse   1850 mm
Baujahr   1912 bis 1922

Nichts mit der berühmten deutschen Pazifik-Schnellzuglok 01 zu tun hat die jugoslawische 1`C 1`h4-Type 01, obwohl auch sie aus Deutschland stammt. Die abgebildete Museumslok 01 088 (links) weist als Eigentümerin die Jugoslawische Staatseisenbahn „JDZ" aus (Jugoslovenske drzavne zeleznice). Diese wurde 1953 in „JZ" umbenannt. Vor einem Sonderzug befährt die 01 088 die wilde Timokschlucht (unten) zwischen Zajecar und Nis nahe der Grenze zu Bulgarien im September 2001. Die spektakuläre Bahnlinie durfte zu Plandampfzeiten von Ausländern nicht bereist werden.

Die beiden Oldtimer des Walzwerkes Borsodnádasd bei Ózd, die Lokomotiven Nr. 8 und 10, befinden sich mit einigen leeren Güterwagen auf dem Weg zum Übergabebahnhof an der ungarischen Staatsbahn. Besonders charakteristisch für diese Maschinen ist der Außenrahmen und der nur zweiachsige Tender.

Dampf in der fröhlichsten Baracke des Sozialismus

Bereits 1868, also im ersten Jahr der Donau-Doppelmonarchie, wurde die ungarische Staatsbahn MÁV gegründet (Magyar Államvasutak). Vor dem Ersten Weltkrieg fuhr sie auf 23 000 km. Danach musste ein Großteil der Landesfläche abgetreten werden und es verblieb nur noch ein Drittel des Eisenbahnnetzes innerhalb der neuen Landesgrenzen. Aber die Staatsbahn MÁV überlebte alle Stürme des Weltgeschehens. Nach Monarchie, Faschismus und Kommunismus ist zu hoffen, dass sie auch die gegenwärtige Phase des Kapitalismus noch eine Weile durchsteht.

Eine solche Langlebigkeit bewiesen auch einige ihrer markantesten Dampfloktypen, alle völlig eigenständige Produkte der MÁVAG, der Maschinenfabrik der MÁV. So wurde die 1`C 1`-Reisezuglok 324 von 1909 bis 1923 gebaut in der ungewöhnlichen Stückzahl von nahezu 1000 Exemplaren. Rekordverdächtig ist die kleine 1`C 1`-Tenderloktype 375, die 1032- mal die Werkshallen der MÁVAG verließ, das erste Baumuster 1907 unter Kaiser Franz Joseph, die letzte der Nebenbahnmaschinen 1959 unter Generalsekretär János Kádár. Wie viele andere ungarische Dampflokomotiven waren diese meistgebauten Baureihen noch bis in die jüngste Zeit in den Anrainerstaaten zu finden, die nach dem Ersten Weltkrieg entstanden waren oder die damals ein Stück des ehemaligen Großungarn abgeschnitten bekommen hatten: in Jugoslawien, in Rumänien und in der Tschechoslowakei.

Zumindest in der Endphase des Dampfbetriebes gab es in Ungarn kaum Probleme für Eisenbahnfreunde. Im so genannten „Gulaschkommunismus" erhielt man auf Antrag sogar eine offizielle Bestätigung, dass das Fotografieren von Eisenbahnanlagen nicht verboten sei!

242 EXPRESSZUGLOKOMOTIVE	
Bauart	2' B 2' h2t
Hersteller	MÁVAG
Stückzahl	4
Leistung	775 PSi
Höchstgeschwindigkeit	120 Km/h
Ø Treib- u. Kuppelachse	2000 mm
Baujahr	1936 bis 1940

275 (BIS 1958 „22") TRIEBWAGENERSATZ	
Bauart	1' B 1' h2t
Hersteller	MÁVAG
Stückzahl	140
Spurweite	1435 mm
Höchstgeschwindigkeit	70 Km/h
Ø Treib- u. Kuppelachse	1220 mm
Baujahr	1928 bis 1940

Überholung in Piliscaba auf der Strecke von Eszter-
gom nach Budapest, links 242.001, rechts 275.034.
Beide Lokomotivtypen waren die Antwort der MÁVAG
auf die in der Zeit zwischen den Weltkriegen aufkom-
mende Konkurrenz des Dieseltriebwagens. Die 2'B 2'-
Stromlinientenderlok 242 sollte den Schnelltriebwagen
die Stirn bieten, die 1'B 1'-Tenderlok 22 (seit 1958 in
„275" umgetauft) war als Triebwagenschreck vor
Leichtschnellzügen gedacht, z.B. auf der Strecke von
Budapest zum Plattensee. Der Triebwagen siegte.

Nur auf schriftliche Anordnung montieren die ungarischen Eisenbahner den nie geliebten Roten Stern vor die Rauchkammern ihrer Museumsloks, hier die 324.540 in Balatonkenese am Nordufer des Plattensees. Bis in die achtziger Jahre versahen Maschinen dieser zuverlässigen Bauart Plandienst auf Nebenlinien.

324 REISEZUGLOKOMOTIVE

Bauart	1'C 1' h2
Hersteller	MÁVAG
Stückzahl	etwa 1000
Leistung	1200 PSi
Höchstgeschwindigkeit	100 Km/h
Ø Treib- u. Kuppelachse	1440 mm
Baujahr	1909 bis 1923

Warten auf Kreuzung im Bahnhof Egyházasrádóc auf der Strecke Szentgottard – Szombathely. Für einen Fotografen Modell zu stehen, war für ungarisches Lokpersonal etwas völlig Neues – damals jedenfalls noch. Für die Polizei ebenfalls, denn der Fotograf verbrachte den folgenden Tag komplett auf einer Polizeiwache und musste erklären, warum er die Fahrpläne der Strecke besaß, die er in einem Bahnhof von der Tafel abgeschrieben hatte.

Eine Lok der Baureihe 424, die über 30 Jahre lang gebaut worden ist und bei einer Pariser Weltausstellung sogar einen Preis gewann, rollt auf der Strecke Szombathely – Szentgottard in einen Bahnhof ein.

424 UNIVERSALSCHLEPPTENDERLOK

Bauart	2'D h2
Hersteller	keine Angabe
Stückzahl	365
Leistung	1770 PSi
Höchstgeschwindigkeit	90 Km/h
Ø Treib- u. Kuppelachse	1610 mm
1. Baujahr	1924

Die Resita-Einheitslok 764.467 inmitten ihres Treibstoff-vorrates vor dem Heizhaus der Karpaten-Waldbahn Cimpu-Cetatii der CFF. Die ersten beiden Zahlen der Loknummer geben die Spurweite in cm an, die dritte Zahl verrät, dass die Lok ein Vierkuppler ist. Die erste Zahl nach dem Punkt ist eine Verschlüsselung der Leistung der Maschine: die 4 steht für 110 kW. Die letzten beiden Zahlen sind Ordnungsnummern.

Rauchwolken über Draculas Wäldern

Eisenbahnfreunde in aller Welt waren begeistert von der Öffnung des Landes nach dem Fall des Ceaucescu-Regimes. Endlich ohne die Gefahr einer Festnahme konnte man sich jetzt den Gegenständen seiner Begierde nähern. Freilich war auch in Rumänien das Zeitalter der Dampflokomotive wie überall in Europa beinahe Geschichte, hatte doch die Staatsbahn CFR (caile ferate romane) offiziell schon 1976 den Dampfbetrieb beendet. Doch glücklicherweise konnte man bis 1993 gelegentliche Einsätze beim Verschub oder vor Übergabezügen beobachten.

Viele der ausgemusterten Lokomotiven sind noch nicht in die Hochöfen gewandert. Einen großen Anteil auf den Abstellgleisen nehmen deutsche Baumuster ein, von denen die meisten in Lizenz in Rumänien hergestellt wurden. Einige Maschinen sind inzwischen nach Deutschland und nach Österreich verkauft worden und dort wieder für Museen aktiv. Auch die CFR begann, Dampflokomotiven für devisenbringende Sonderfahrten aufzurichten. Bis zum Jahr 1997 waren neun normalspurige und vier schmalspurige Loks wieder einsatzfähig.

Planmäßigen Schmalspurdampf findet man in geringem Umfang heute noch auf den 760-mm-Gleisen der Waldbahnen der CFF (caile ferate forestiere). Auf den nach 1947 verstaatlichten Forstbahnen war eine Vielfalt von Lokomotiven ausländischer Herkunft vertreten gewesen. Im Laufe der Zeit reduzierte sich der Bestand hauptsächlich auf den Einheitstyp 764, einen Vierkuppler aus Resita und Reghin. Den Dampfbetrieb auf Waldbahnen verringerte aber nicht die Diesellokomotive, sondern der LKW sowie diverse Streckenstilllegungen. So sind von den 20 Systemen, die 1990 noch existierten, die meisten inzwischen verschwunden. Aber die wenigen verbliebenen Waldbahnen sind in jedem Falle noch eine Rumänienreise wert.

763,1 WALDBAHNLOKOMOTIVE

Bauart	C n2t
Hersteller	Krauss / Linz
Stückzahl	2
Spurweite	760 mm
Höchstgeschwindigkeit	15 Km/h
Ø Treib- u. Kuppelachse	unbekannt
1. Baujahr	1921

Wie die Nummer verrät, ist die 763.193 ein Dreikuppler mit 36 kW (das bedeutet die 1 nach dem Punkt der Loknummer). Als in Österreich und nicht in Rumänien gebaute Maschine ist sie bei der CFF inzwischen eine Rarität. Trotz ihrer geringen Leistung ist die „Kleine" die unverzichtbare Nr. 1 auf den 80 Kilometern der malerischen Waldbahn Moldovita.

Reşiţa-Lok 764.449 ist die „Große" der Waldbahn Moldoviţa. Wegen ihrer Neigung zum Entgleisen auf den engen Radien dieses Schmalspursystems in der Bukovina wird sie nur bei Ausfall ihrer geeigneteren Kollegin 763.193 angeheizt.

Auch lautes Pfeifen der 764.407R bewegt die Schafherde nicht, die Gleise der Waldbahn Margina zu verlassen. Erst der gemeinsame Einsatz von Heizer und Schäfer schaffen der Schmalspurlok wieder freie Bahn, und sie kann mit ihrem Leerzug weiterfahren zu den abgelegenen Holzverladestellen in den rumänischen Wäldern.

Lok Ape Min 1 hieß früher 764.424 und wurde 1954 in Resita gebaut. Sie beförderte Mineralwasserzüge vom Abfüllort Borsec nach Toplita. Seit 1992 haben LKWs diese Aufgabe übernommen. Der Lok verbleiben noch gelegentliche Touristenzüge.

764,4 WALDBAHNLOKOMOTIVE

Bauart	D h2t
Hersteller	Resita, Reghin
Stückzahl	etwa 120
Leistung	150 PSI
Höchstgeschwindigkeit	30 Km/h
Ø Treib- u. Kuppelachse	750 mm
Baujahr	1951 bis 1987

498.1 SCHNELLZUGLOKOMOTIVE	
Bauart	2'D 1' h3
Hersteller	Skoda
Stückzahl	15
Leistung	2500 PSi
Höchstgeschwindigkeit	120 Km/h
Ø Treib- u. Kuppelachse	1830 mm
Baujahr	ab 1954

Nächtliches Nebeneinander vor dem Lokschuppen von Ceska Trebova. Die 498 104 links ist im slowakischen Bratislava beheimatet, die baugleiche 498 106 im tschechischen Brno (Brünn). Die Baureihe 498.1 war bis 1979 im Einsatz und wurde wegen ihrer dunkelblauen Lackierung „Albatross" genannt. Für viele Dampflokliebhaber sind diese großen Vögel die schönsten Dampfloks Europas.

Pilsen nicht nur des Bieres wegen

Als die Österreichisch-Ungarische Monarchie mit dem Ende des Ersten Weltkrieges zerfiel, erlangten Böhmen und Mähren die lang ersehnte Unabhängigkeit und bildeten zusammen mit der gleichzeitig von Ungarn abgetrennten Slowakei den neuen Staat Tschechoslowakei. Die dabei gegründete Tschechoslowakische Staatsbahn CSD setzte sich zwangsläufig aus den Hinterlassenschaften Österreichs und Ungarns zusammen. Manche Lokbaureihe, z.B. die berühmte „108" der ehemaligen kkStB, verschwand vollständig aus dem Bestand der Österreicher, weil 1918 alle Maschinen in Böhmen stationiert waren.

Kurz nach Kriegsende begann in den Skoda-Werken in Pilsen ein Neubeginn mit eigenständigen Konstruktionen; die Pazifik-Schnellzugloks der Reihe 387 entstammen dieser Phase. Wichtig waren aber auch vereinheitlichende Umbauten und Verbesserungen am Maschinenbestand aus der k.u.k.-Erbmasse. 1939 wurde der Staat zerschlagen, der tschechische Teil wurde deutsches Protektorat, die Slowakei ein von Deutschland abhängiger Staat. In Pilsen hatte man bis zum Kriegsende nach deutschen Zeichnungen zu arbeiten. Aber gleich danach gab es die CSD wieder und Skoda begann alsbald, die Fachwelt in Erstaunen zu versetzen. Modernste Konstruktionen entstanden in dieser Blütezeit des tschechoslowakischen Dampflokbaus, die 1958 endete. Äußeres Kennzeichen von Baumustern dieser Ära sind die hoch liegenden Kessel.

Bis 1980 gab es Züge mit planmäßiger Dampfbespannung. 1993 verließ die Slowakei den Staatenbund, die CSD zerfiel in die Tschechischen Bahnen CD und die Slowakische Gesellschaft SZJ. Dabei wurde auch der ansehnliche Bestand von etwa 30 Museumsloks aufgeteilt. Etwa ein Drittel der Maschinen ist heute in der slowakischen Hauptstadt Bratislava zu bewundern.

477 PERSONENZUGTENDERLOKOMOTIVE

Bauart	2'D 2' h3t
Hersteller	CKD
Stückzahl	156
Leistung	2100 PSi
Höchstgeschwindigkeit	100 Km/h
Ø Treib- u. Kuppelachse	1624 mm
Baujahr	ab 1951

Sonderzug von Ceska Lipa nach Liberec durchs ehemalige Sudetenland in Nordböhmen. Die 477.043 auf dem Viadukt bei Novina ist eine Dreizylindermaschine, geeignet für Vorortzüge wie für Schnell- und Güterzüge in Gebirgsregionen.

387 SCHNELLZUGLOKOMOTIVE

Bauart	2'C 1' h3
Hersteller	Skoda
Stückzahl	125
Leistung	2040 PSi
Höchstgeschwindigkeit	110 Km/h
Ø Treib- u. Kuppelachse	1950 mm
Baujahr	1923 bis 1937

498.0 SCHNELLZUGLOKOMOTIVE

Bauart	2'D 1' h3
Hersteller	Skoda
Spurweite	1435 mm
Leistung	2180 PSi
Höchstgeschwindigkeit	120 Km/h
Ø Treib- u. Kuppelachse	1830 mm
Baujahr	ab 1945

Zwei dreizylindrige Schnellzugstars in Ostrov im Egerland. 387 043 schickt sich an, ihre größere Kollegin 498 022 rechts stehen zu lassen.

Vorbei an ihrem Heimatbahnbetriebswerk – in Polen Parawozownia genannt – dampft die Ok 1-359 mit einem geschmückten Schülersonderzug Richtung Grodzisk. Die Baureihe Ok 1 bezeichnet die bei deutschen Lokfabriken bestellte legendäre preußische P 8. Des Weiteren erkennen wir im Parawozownia Wolsztyn die unter Dampf befindliche Pm 36 und kalt abgestellt die Tkt 48 und Tki 3.

Tkt 48 PERSONENZUGSCHLEPPTENDERLOK

Bauart	1'D 1' h2
Hersteller	Lokomotivfabrik Chrzanów und Cegielski
Stückzahl	199
Leistung	1068 PSi
Höchstgeschwindigkeit	80 Km/h
Ø Treib- u. Kuppelachse	1450 mm
1. Baujahr	1948

Pm 36 SCHNELLZUGSCHLEPPTENDERLOK

Bauart	2'D1' h2
Hersteller	Lokomotivfabrik Chrzanów
Stückzahl	2
Leistung	1800 PSi
Höchstgeschwindigkeit	120 Km/h
Ø Treib- u. Kuppelachse	2000 mm
1. Baujahr	1936

Ok 1 PERSONENZUGSCHLEPPTENDERLOK

Bauart	2' C h2
Hersteller	u.a. Schwarzkopff, Henschel, Borsig
Stückzahl	429
Leistung	980 PSi
Höchstgeschwindigkeit	100 Km/h
Ø Treib- u. Kuppelachse	1750 mm
Baujahr	1906 bis 1923

Wolsztyn – der Magnet für Dampflokfans aus aller Welt

Es verlief wie in vielen anderen Ländern auch: Die letzten Dampflokomotiven wurden 1957 gebaut, der Traktionswechsel begann bereits ein Jahrzehnt später. Seine Vollendung gelang erst zu Beginn der neunziger Jahre. Wovon aber in anderen Ländern nur geträumt werden konnte, ist in Polen Wirklichkeit geworden.

Nicht irgendein Museumsverein, sondern die Polnischen Staatsbahnen PKP selbst unterhalten im Bahnbetriebswerk Wolsztyn bis auf den heutigen Tag Dampflokomotiven unterschiedlicher Baureihen. Neben polnischen Konstruktionen sind auch ehemals preußische Maschinen und natürlich die unverwüstlichen Kriegsloks nicht nur deutscher Bauart zu bewundern.

Gefahren wird im täglichen Plandienst. Normalerweise verkehren zwei Maschinen vor Personenzügen nach Zbaszynek, nach Leszno und nach Poznan. Eine dritte rangiert im ausgedehnten Bahnhofsbereich des Nebenbahn-Verkehrsknotens Wolsztyn und erledigt den anfallenden Güterverkehr. Regelmäßig ist eine Leistung nach Grodzisk zu erbringen. Mit etwas Glück ist dieser Güterzug im Grenzlastbereich. Eine zusätzliche Dampflok muss dann bei der Ausfahrt nachschieben, was ein unvergessliches Dampfspektakel garantiert. Kein Wunder, dass Wolsztyn ein wahres Mekka für Dampfeisenbahnenthusiasten aus aller Welt geworden ist.

Wirtschaftliche Probleme im Zusammenhang mit dem bevorstehenden EU-Beitritt Polens könnten die PKP jedoch zwingen, ihr einmaliges Projekt eines wahrhaft lebendigen Eisenbahnmuseums zu beenden.

Dampflokfreunde sollten also nicht allzu lange zögern, wenn sie eine Reise nach Wolsztyn planen – obwohl wir natürlich die Daumen drücken, dass die Dampfloks auch in Zukunft fahren dürfen.

Ol 49 PERSONENZUGSCHLEPPTENDERLOK	
Bauart	1'C1' h2
Hersteller	Lokomotivfabrik Chrzanów
Stückzahl	115
Leistung	1290 PSi
Höchstgeschwindigkeit	100 Km/h
Ø Treib- u. Küppelachse	1750 mm
1. Baujahr	1949

Im nächtlichen Bahnbetriebswerk präsentiert sich die Ol 49-69 mit ihrem prägnanten Gesicht. Typisch für diese Baureihe sind unter anderem die hochgestellten Windleitbleche, die dazu dienen, dem Lokpersonal freie Sicht auf die Strecke zu gewährleisten. Gerade aus Poznan angekommen wartet die Ol 49 auf ihre Abschlussbehandlungen, wie Kohle- und Wasserfassen, Ausschlacken und Abschmieren. Nach einer wohlverdienten Nachtruhe wird sie sich am kommenden Morgen wieder auf ihren Weg nach Poznan machen.

UWAGA !
Wysokie napięcie w sieci elektrycznej
zbliżenie się grozi śmiercią

P.K.P.

0l49

81

Der Führerstand einer Ol 49 mit allen Insignien und Warnschildern zu nächtlicher Stunde im Bahnhof Wolsztyn. Den Blick nach hinten gerichtet, erwartet der Lokführer der Ol 49-81 den Abfahrtsbefehl von seinem Zugführer.

Pt 47 SCHNELLZUGSCHLEPPTENDERLOK

Bauart	1' D 1' h2
Hersteller	Lokomotivfabrik Chrzanów und Cegielski
Stückzahl	180
Leistung	2000 PSi
Höchstgeschwindigkeit	110 Km/h
Ø Treib- u. Kuppelachse	1850 mm
1. Baujahr	1947

Die Pt 47-65 ist heute noch auf den Strecken rund um Wolsztyn zu bewundern. Auf der Strecke von Wolsztyn nach Nova Sól sind nach der Einstellung des Personenverkehrs Mitte der 90er-Jahre des vorherigen Jahrhunderts nur noch einige Holzgüterzüge zu erleben. Die prachtvollen Bäume rechts und links des Obra-Kanals bei Keblowo gehören inzwischen leider ebenso der Vergangenheit an wie Personenzüge auf dieser Strecke.

Manche Eindrücke, die zur Faszination der Dampflok gehören, entfalten erst zu nächtlicher Stunde ihre volle Schönheit. Hier wird der Aschkasten der Pt 47-65 von Schlacke und anderen störenden Elementen befreit. Über der Klappe, aus der der Funkenregen fällt, erkennt man deutlich den Injektor, der den Kessel regelmäßig mit Wasser aus dem Tender zu versorgen hat.

Die Pm 36-2 ist der hochbeinige Stolz der PKP und die verbliebenen 50% der Gesamtproduktion dieser Baureihe. Auf unserem Bild wartet das zahlreiche Lokpersonal im Bahnhof Wolsztyn auf sein Abfahrtssignal für eine Überführungsfahrt nach Leszno. Die frisch gewaschenen Arbeitshosen werden durch geschickten Einsatz der Handschuhe vor vorzeitiger Verschmutzung geschützt.

TY2 (52 DR) GÜTERZUGSCHLEPPTENDERLOK

Bauart	1`E h2
Hersteller	Deutsche Lokomotivfabriken
Stückzahl	115
Leistung	1290 PSi
Höchstgeschwindigkeit	70 Km/h
Ø Treib- u. Kuppelachse	150 mm
1. Baujahr	1938

Die Dezembersonne des Jahres 1990 schickt kurz vor ihrem Untergang letzte Strahlen in den Lokschuppen von Gniezno. Ein Jahr später war der Einsatz der Ty 2 in Gniezno beendet, weil man inzwischen auch in den Wintermonaten genug Dieselloks mit Dampfheizung hatte, um die Personenzüge zu heizen. Die Güterzugloks der polnischen Baureihe Ty 2 sind nach dem Zweiten Weltkrieg in Polen zurückgeblieben.

Auf dem Weg von Ivano-Frankovsk in die Karpaten durchfährt die Eisenbahn landschaftlich sehr reizvolle Gegenden. Im ausgehenden Winter erwacht die Natur hier relativ spät. Für die Eisenbahn gilt zu jeder Jahreszeit der gleiche Fahrplan.

Auf breiter Spur durch die Karpaten

Unübersehbar prangt der rote Stern auf der Rauchkammertür der Denkmals-Lokomotive am Bahnhof von Kiew, der Hauptstadt der Ukraine. Beides zeugt auf seine Weise von vergangenen Zeiten: Der rote Stern symbolisiert die Übermacht der UdSSR während der Zeit des Kalten Krieges, und auch die Dampflok kann nur noch an Gewesenes erinnern.

Wir erreichen Kiew nach einer durchgehenden Bahnfahrt von Berlin aus. Von Passkontrollen und Rühreiern im Speisewagen bis zur Umspurung unseres Wagens auf Breitspur – alles verläuft ohne Beanstandungen.

Und doch befindet man sich bald in einer anderen Eisenbahnwelt. Wem ist nicht das rhythmische bangbang – bangbang vertraut, wenn man mit 80 km/h über eine zweigleisige Hauptstrecke reist, deren Schienenstöße noch nicht verschweißt sind. An jedem Bahnhof und Überweg stehen Bahnbedienstete und grüßen den Zug ab und Kinder laufen neben den anfahrenden Zügen her.

Die Ukraine gehört sicherlich nicht zu den Ländern, die einem als Reiseziel eingefallen sind, als sich der Eiserne Vorhang öffnete. Für die Eisenbahnfreunde ist es aber wichtig, sich in jedem Land auf die Suche nach Dampflokomotiven zu machen. So nahmen es diese sehr dankbar auf, als sich in der Ukraine eine Gesellschaft gründete, die mit einem Sonderzug, der somit Hotel und gleichzeitig Fotomotiv war, mit verschiedenen Dampflokomotiven durch das Land reist. Unsere Reisegruppe verlässt nach einer Stadtbesichtigung in diesem Zug Kiew und macht sich auf die Fahrt Richtung Karpaten. Bot Kiew noch die ersten Vorfrühlingseindrücke, so mussten wir uns in Rachow mühsam durch den Tiefschnee quälen. Aber das ausgezeichnete Essen mit einem guten Bier, Tanzabende zu einheimischer Live-Musik und die tolle Truppe im Zug ließen alle Strapazen schnell vergessen.

Die besonders starke Güterzuglokomotive der Baureihe FD
wurde in Russland konstruiert, aber
auch in weiten Teilen des Ostblocks
eingesetzt. Sie war später auch
Vorbild für die heute noch in China
im Betrieb befindliche Baureihe QJ.
Auf dem Foto müht sich mit voller
Kraftanstrengung eine solche FD,
ihren schweren Güterzug über eine
Steigung zu befördern. Lokführer
und Heizer müssen hier ihr ganzes
Können beweisen.

Während bei der normalspurigen Eisenbahn die Dampflokzeit der Vergangenheit angehört und die letzten ausrangierten Maschinen vor sich hin rosten, lassen sich noch einige unauffällige Schmalspurbahnen – teilweise mit imposanten Bauwerken – ihre romantische Dampfgemütlichkeit nicht nehmen. Muss denn wirklich immer alles schnell gehen?

Eine Allzweck-Lok mit der Achsfolge 1C1 verlässt mit ihrem Personenzug einen kleinen beschaulichen Bahnhof im Süden der Ukraine. Die geländerartigen Griffstangen am Umlauf der Maschine wirken etwas befremdlich, werden aber sicherlich ihren Zweck erfüllt haben.

L GÜTERZUGSCHLEPPTENDERLOK

Bauart	1'E
Hersteller	Kolomna
Stückzahl	4722
Leistung	2180 PSi
Höchstgeschwindigkeit	80 Km/h
Ø Treib- u. Kuppelachse	1500 mm
Baujahr	ab 1945

4375 in einer einsamen Station in den Wäldern Kareliens nahe dem Ladogasee. Die Region musste im Verlauf des 2. Weltkriegs von Finnland an die Sowjetunion abgetreten werden.

Eisenbahnen der Superlative

Mit stolzer Spurweite 1830 mm hatte im Jahre 1836 das Zeitalter der Eisenbahn im Reich der russischen Zaren begonnen. Doch bald begnügte man sich mit der heute üblichen russischen Breitspur von 1520 mm. Unter der roten Diktatur von 1918 bis zum Zerfall des Sowjetreiches im Jahre 1992 führten die Bahnen das Kurzzeichen SZD. Bekannt war, dass die Sowjetunion mit 145 000 km Streckenlänge das zweitgrößte Netz der Welt unterhielt (nach den USA mit 240 000 km).

Ansonsten galt das Eisenbahnwesen als Staatsgeheimnis. Ausländer durften nur ausgewählte Strecken bereisen, selbstverständlich herrschte absolutes Fotografierverbot. Allgemein wurde davon ausgegangen, dass Dampflokomotiven auf sowjetischen Gleisen der Vergangenheit angehörten.

Die Perestroika brachte es an den Tag: Noch genau 6136 Dampflokomotiven waren erhalten geblieben. Den Löwenanteil nahmen Fünfkuppler ein, darunter 265 ehemals deutsche Kriegsloks der Baureihe 52. Diese Armada von schweren Güterzuglokomotiven bildete im Kalten Krieg die strategische Reserve, alle Rauchkammern gen Westen gerichtet. Einmal pro Woche soll jede Maschine angeheizt worden sein, um ständige Einsatzbereitschaft auch nach einem gegnerischen Atomschlag und Ausfall der gesamten Stromversorgung zu garantieren.

Im Jahr 1992 zerfiel das „Kolonialreich" der UdSSR in 15 Staaten. Vom Netz der SZD verblieben Russland nur 87 000 km. Damit besitzt die nun Russische Staatsbahn RZD genannte Organisation immer noch das zweitgrößte Netz weltweit und liegt im Vergleich der elektrifizierten Bahnen mit über 40 000 km unter Fahrdraht sogar auf dem ersten Platz. Auch die Gleise der Transsibirischen Eisenbahn sind der RZD verblieben. Auf ihnen ist die längste Fahrt in einem regulären Reisezug möglich: Insgesamt kommt man zwischen den Städten Charkov und Wladiwostok auf 9713 km!

P 36 0249 auf der Fahrt von Leningrad nach Nowgorod. Die insgesamt 251 Maschinen der 2`D 2`-Baureihe P 36 waren die Starloks der SDZ. Der Einsatzschwerpunkt der stokergefeuerten Maschinen lag in den letzten Jahren ihres aktiven Einsatzes im fernen Sibirien. Der P 36 0249 dürfte der kurze Sonderzug von Leningrad nach Nowgorod kaum Mühe bereiten.

Im Führerstand einer 1'E-Schlepptenderlok des Typs L der russischen Staatsbahn. Die Lok ist kohlegefeuert und mit einem Stoker (Förderschnecke für Kohle) ausgestattet. Die Baureihenbezeichnung „L" wurde zu Ehren des Chefkonstrukteurs Lebedjanski der Kolomna-Werke gewählt. Rund 3000 Loks dieser Baureihe waren laut Statistik zu Beginn des Jahres 1992 noch vorhanden.

Alte preußische G 8 vor der eindrucksvollen Kulisse des Egridir-Sees. Mit ihrem abendlichen Gmp 1406 überquert die 44 055 der TCDD die nachträglich gebaute Stahlträgerbrücke hinter dem Bahnhof Egridir. Das Burdur-System war fast bis Mitte der 80er-Jahre eine Pilgerstätte für die Freunde alter Preußinnen.

44.0 (G8) GÜTERZUGSCHLEPPTENDERLOK

Bauart	D h2
Hersteller	diverse deutsche Lokfabriken
Stückzahl	über 80
Leistung	1100 PSi
Höchstgeschwindigkeit	55 Km/h
Ø Treib- u. Kuppelachse	1350 mm
1. Baujahr	1906

Dampfloks aller Länder vereinigt in Kleinasien

So namhafte Lokomotivhersteller wie ALCO, Baldwin, Borsig, Henschel, Nohab, Robert Stephenson, Skoda und viele weitere haben Dampflokomotiven gebaut, die bei der türkischen Eisenbahn – der TCDD – zum Einsatz kamen. Ob aus Frankreich, England, Schweden, Amerika, Deutschland oder der Tschechoslowakei – alle Länder belieferten die Türkei mit ihren Maschinen, teils kleinere Stückzahlen aus größeren Serien, teils aber auch extra für die Türkei konstruierte.

Und die Türkei selbst? Ganze zwei normalspurige Dampflokomotiven wurden im eigenen Land gebaut: 56 201 – der schwarze Wolf – in Eskesehir und 56 202 – der graue Wolf – in Sivas, beide im Jahr 1961. Der Dampflokbetrieb wurde in der Türkei lange Zeit großgeschrieben. Noch 1975 verkehrten allein von den beiden Kopf-Bahnhöfen von Izmir, im Westen Basmane und im Norden Alsançak, nicht weniger als 98 dampfbespannte Vorortzüge, ergänzt um die Fernzüge, wie z.B. den Kurtalan-Express, der mehrere Tage unterwegs war, um sein Ziel an der Grenze zum Irak zu erreichen.

Mit viel Engagement wurden die Maschinen von ihrem Personal gepflegt, umfangreiche Werkstatteinrichtungen sorgten für einen zumindest zufrieden stellenden technischen Zustand der noch eingesetzten Lokomotiven.

Die andere Kultur und Mentalität der Menschen in der Türkei wirkt sich manchmal auch auf den Eisenbahnbetrieb aus. So rollte der Lokführer auf einer ehemaligen so genannten „Kriegslokomotive" der deutschen Baureihe 52 während einer anstrengenden Bergfahrt auf dem Führerstand einen kleinen Teppich aus und betete Richtung Mekka, unbeirrt vom Krach der schwer arbeitenden Maschine und dem ständigen Kohleschaufeln seines Heizers. Gut angekommen sind wir trotzdem – oder vielleicht auch gerade wegen dieses Einsatzes.

Nach einer anstrengenden über 7-stündigen Fahrt von Manisa über Alasehir nach Usak mit einem Höhenunterschied von über 800 Metern legt der Heizer der 56.5 kurz vor seiner Endstation auf dem Anatolischen Hochland noch ein letztes Mal Kohle auf.

56.5 GÜTERZUGSCHLEPPTENDERLOK

Bauart	1´E h2
Hersteller	Henschel, Borsig und andere
Stückzahl	53
Leistung	1620 PSi
Höchstgeschwindigkeit	80 Km/h
Ø Treib- u. Kuppelachse	1400 mm
1. Baujahr	1943

Vorortverkehr in Izmir mit in Deutschland gebauten Fahrzeugen. Die 56.507 wurde 1943 bei Henschel in Kassel gebaut, der Rekord Caravan mindestens 30 Jahre später bei Opel in Rüsselsheim. In der Heimatstadt der berühmten Smyrnaer Feigen wurde der „S-Bahn-verkehr" von Izmir-Alsançak nach Buca auch 1980 noch mit Dampfloks betrieben. Selbst der Esel im Vordergrund hatte sich an die rauchenden und zischenden Ungetüme der Baureihe 56.5 gewöhnt.

45.0 GÜTERZUGSCHLEPPTENDERLOK	
Bauart	1'D h2
Hersteller	Nohab/Schweden und Tubize/Belgien
Stückzahl	62
Leistung	1400 PSi
Höchstgeschwindigkeit	65 Km/h
Ø Treib- u. Kuppelachse	1400 mm
1. Baujahr	1927

56.1 GÜTERZUGSCHLEPPTENDERLOK	
Bauart	1'E h2
Hersteller	Skoda
Stückzahl	49
Leistung	1900 PSi
Höchstgeschwindigkeit	70 Km/h
Ø Treib- u. Kuppelachse	1450 mm
1. Baujahr	1949

46.0 PERSONENZUGSCHLEPPTENDERLOK	
Bauart	2'D h2
Hersteller	Henschel und Krupp
Stückzahl	25
Leistung	1550 PSi
Höchstgeschwindigkeit	80 Km/h
Ø Treib- u. Kuppelachse	1650 mm
1. Baujahr	1927

Dicke Kessel und große Windleitbleche zeugen von leistungsstarken Maschinen. Im Lokschuppen des Depots Konya werden drei davon für ihren nächsten Dienst bereitgehalten, der dem Personal und der Lok bei Trockenheit und Hitze wieder viel abverlangen wird. Zur Vervollständigung der Aufgaben dieses Depots steht auch noch die etwas leistungsschwächere 45 011 zur Verfügung. Diese Lok wurde 1928 bei dem Lokomotivhersteller Nohab in Schweden gebaut.

Amerikanische Lokomotiven ganz anderen Kalibers waren auf der Hauptstrecke Irmak – Zonguldak unterwegs. Ob sich der Lokführer der Skyliner 56.3 während des Aufenthaltes im Bf Hisarönü schnell eine Melone gekauft hat, ist nicht überliefert.

56.3 GÜTERZUGSCHLEPPTENDERLOK

Bauart	1'E h2
Hersteller	Vulkan Iron works Wilkes-Barre USA
Stückzahl	88
Leistung	2400 PSi
Höchstgeschwindigkeit	70 Km/h
Ø Treib- u. Kuppelachse	1450 mm
1. Baujahr	1947

Eine der letzten Dampfleistungen der TCDD, jedoch schon nicht mehr planmäßig! Nachdem wir mit dem Depot-Chef der Einsatzstelle Denizli einen gemeinsamen Tee in dessen Büro getrunken hatten, wurde unserem Wunsch entsprochen und dem Personenpendel Denizli – Goncali am 7.3.1989 nicht die zu diesem Zeitpunkt bereits planmäßig eingeteilte Diesellok, sondern die noch unter Dampf stehende Reservelok 56 535 vorgespannt! P 1348 ist soeben in Goncali eingetroffen, wo Bauern auf dem Bahnsteig Gemüse zum Kauf anbieten.

W arum das herrliche blaue Meer Schwarzes Meer heißt, bleibt rätselhaft – wirklich schwarz ist nur der Rauch unserer türkischen Tenderlok 33 04, die 1918 bei Henschel erbaut wurde. Eine von knapp zehn Tenderloks, die 1980 noch ihren Dienst bei der TCDD verrichteten, befährt hier den Schiffsanleger in Hisarönü.

33.01-10 RANGIERTENDERLOKOMOTIVE

Bauart	C n2
Hersteller	Henschel
Stückzahl	1
Leistung	600 PSi
Höchstgeschwindigkeit	50 Km/h
Ø Treib- u. Kuppelachse	1100 mm
1. Baujahr	1918

Ohne Rücksicht auf das Marktgeschehen in Der´a führt die 1´C-Lok „66" ihre Rangiermanöver durch. Jung hatte sie 1907 an die Hedschasbahn als Tenderlok geliefert. Irgendwann entfernte man die seitlichen Wasserkästen und verpasste der Maschine stattdessen einen zweiachsigen Tender.

Pilgerfahrt nach Mekka – Hedschasbahn in Syrien und Jordanien

In krassem Gegensatz zum modernen 2000 km umfassenden Normalspurnetz Syriens bietet die auf 1050-mm- Schmalspurgleis verkehrende und recht heruntergewirtschaftet wirkende Hedschasbahn das unverfälschte Flair des Reisens vor 100 Jahren. Gebaut wurde sie zwischen 1901 und 1908 vom Osmanischen Staat unter der Regie von Meissner Pascha. Spenden von Moslems aus aller Welt ermöglichten den Bau der als Pilgerbahn geplanten Verbindung von Damaskus nach Mekka. Doch 300 km vor dem Endziel Mekka, in Medina, musste auf den Weiterbau wegen religiös bedingter Protestaktionen verzichtet werden. Im 1. Weltkrieg war die Bahn Ziel von Anschlägen aufständischer Araberstämme unter der Führung eines britischen Agenten, der als „Lawrence of Arabia" zur Legende wurde. Nach 1918 wurde das Osmanische Reich hinter die Grenzen der heutigen Türkei zurückgedrängt. Syrien kam unter französische Verwaltung und behielt rund 230 km der Hedschasbahn. Südlich Der´a beginnt seitdem Jordanien mit einem Bahnanteil von 500 km. Der saudische Abschnitt wurde 1924 nach religiösen Unruhen aufgegeben.

Syrien soll noch 35 Dampfloks besitzen, die alle aus der Anfangszeit stammen. Zehn der Maschinen dürften betriebsfähig sein neben jeweils einem halben Dutzend Dieselloks und Triebwagen. Freitags verkehrt planmäßig ein Dampfzug für Ausflügler von Damaskus an die libanesische Grenze. Ansonsten warten die Dampfloks auf Gelegenheitsdienste, genauso wie die in Jordanien. Das Depot in dessen Hauptstadt Amman beherbergt neben wenigen Dieselfahrzeugen zehn Dampfloks modernerer Bauart. Die Hälfte davon lässt sich angeblich noch unter Dampf setzen.

Die ihren Sonderzug nach Damaskus beför-
dernde Mikado „260" der „Chemin de fer
Hedjaz-Syrien" wurde 1918 von Hartmann in
Chemnitz gebaut. Daher trägt diese Lokomotive
neben der einheimischen Bezeichnung auch
ein deutsches Fabrikschild (unten rechts). Die
Bewohner des flachen halbwüstenartigen
Landstrichs sind bestimmt dankbar für die
vorbeiratternde Abwechslung. Der Heizer der
Hartmann-Schwesterlokomotive „262" lässt
sich bereitwillig fotografieren (unten links).

Auch auf einer Dampflok ein unverzichtbares
Alltagsritual: der Genuß einiger Gläser
Tee, immer frisch zubereitet (links).

Von Der´a führt eine 41 km lange Stichbahn zur alten
Römerstadt Bosra. Direkt neben den düsteren anti-
ken Mauern ist Endstation für den syrischen Zug
mit der 1`D-Lok „162", geliefert von Borsig 1914.

Südlich des Bahnhofs von Amman muss sich die Hedschasbahn an Berghängen über den Dächern der jordanischen Hauptstadt entlangwinden. Die klobige 1`C 1`-Tenderlok „61" der „Hedjaz Jordan Railways" baute 1955 die belgische Firma Haine St. Pierre-FUF.

Die Ausläufer der Berge von Lesotho bilden die Kulisse für die mächtige 25 NC mit ihrem endlosen Reisezug. Sie befindet sich auf der Fahrt von Bloemfontein nach Bethlehem. Die Maschine gehört zu den 50 direkt als NC-Loks (d.h. Loks ohne Kondenstender) bezogenen Maschinen, die „nur" knapp 28 m lang sind. Die aus den Kondensloks der Klasse 25 umgebauten 88 Maschinen der Klasse 25 NC sind sogar 32,7 m lang. Und das auf „Schmalspur"! Wettfahrten mit Dieselzügen, diese dabei in Mehrfachtraktion, bewiesen stets die absolute Überlegenheit dieses Dampfloktyps.

Südafrika

Auf schmaler Spur zum Kap

Politisch ist die Geschichte der afrikanischen Eisenbahnen eng verbunden mit den europäischen Kolonialverwaltungen. So mussten auch in Südafrika Voraussetzungen geschaffen werden, um die reichen natürlichen Ressourcen des Landes mit den Häfen der Küstenstädte zu verbinden. Die Eisenbahningenieure mussten sich dabei der Aufgabe stellen, eine Vielzahl topografischer Hindernisse zu überwinden.

Die seltene Spurweite von nur 1067 mm – die sogenannte Kap-Spur – erleichterte die Streckenführung, da engere Kurvenradien befahrbar wurden. Auch scheute man starke Steigungen nicht, um möglichst Erdarbeiten für deren Ausgleich zu vermeiden. Bis in die 80er-Jahre des vergangenen Jahrhunderts wurde ein Großteil des südafrikanischen Eisenbahn-Verkehrsaufkommens von Dampflokomotiven bewältigt.

Erst relativ spät entschlossen sich die Südafrikanischen Eisenbahnen (SAR), die im Jahre 1910 aus dem Zusammenschluss sämtlicher Bahnen entstanden waren, im Jahr 1989 privatisiert und 1990 in Transnet umbenannt wurden, die Dampflokomotiven durch Diesel- und Elloks zu ersetzen. Waren doch gerade die Kosten für Brennstoff (gute einheimische Kohle) und Personal bei den Dampfloks sehr gering.

Höhepunkt des südafrikanischen Dampflokeinsatzes waren der Betrieb mit den Garratt-Gelenklokomotiven auf den Nebenstrecken sowie die Bespannung von Reise- und Güterzügen mit der Baureihe 25 NC. 1953 wurden von dieser „modernen" Maschine 90 Exemplare in Dienst gestellt, ursprünglich als Kondensationslok konstruiert, bei der Lokomotivabdampf wieder in Kesselspeisewasser umgewandelt wurde. Hergestellt wurden diese Maschinen bei Henschel in Kassel und bei North British in England. Ihr Einsatz auf der 235 km langen Hauptstrecke durch die Karoo von Kimberley nach de Aar hat weltweit die Eisenbahnfans angezogen. Zugfolgen im Halbstunden-Rhythmus waren dort keine Seltenheit.

25 NC (SAR) UNIVERSALLOKOMOTIVE	
Bauart	2' D 2' h2
Hersteller	Henschel, North British
Stückzahl	138
Spurweite	1067 mm
Gesamtgewicht	225 t bis 234 t
Ø Treib- u. Kuppelachse	1525 mm
Baujahr	1953 bis 1955

Früher eine der besonders eindrucksvollen Strecken in Südafrika: die Verbindung von Bloemfontein nach Bethlehem. Nach dem Ende des regulären Dampfbetriebes verkehren hier nur noch Sonderzüge, fast ausschließlich von Eisenbahnfans für Eisenbahnfans organisiert. Der besondere Reiz für die Fotografen besteht darin, im richtigen Moment der maximalen Sonnenblendung auf dem Kessel und im Triebwerk „abzudrücken".

Als sie bei der SAR keine Verwendung mehr fanden, verdienten einige der bewährten Garratts der Klasse GMAM ihr Gnadenbrot vor Erzzügen der Randfontein Estates Goldmine. Das unscheinbare schwarze Kleid der Staatsbahn tauschten die neuen Herren gegen ein prächtiges blaues mit goldenen Tressen.

GMAM (SAR) UNIVERSALLOKOMOTIVE

Bauart	2´ D 1´ h2+1´ D 2´ h2
Hersteller	Beyer Peacock, Henschel, North British
Stückzahl	120
Spurweite	1067 mm
Gesamtgewicht	191 t
Ø Treib- u. Kuppelachse	1380 mm
Baujahr	1954 bis 1956

Vorbei an einem Signal britischer Bauart beschleunigt eine Lok der BR 23 ihren Personenzug durch die weiten Flächen der Great Karoo, dem zentralen südafrikanischen Hochland. Die flach stehende Sonne und Temperaturen morgens knapp über dem Gefrierpunkt lassen die Dampfwolke immer wieder besonders eindrucksvoll und plastisch erscheinen.

Nach einer kalten Winternacht taucht die Sonne die im Depot Bloemfontein stehenden Lokomotiven der Baureihen 15F, 19D, 23 und 25NC in goldenes Licht. Insbesondere die teilweise bei Henschel in Kassel gebauten 25er waren für die Spurweite von 1067 mm wahre Kolosse und mit rund 3000 PS äußerst leistungsfähig. Zum Zeitpunkt der Aufnahme 1975 wurden vier der fünf von Bloemfontein ausgehenden Strecken noch ausschließlich mit Dampflokomotiven befahren.

Lok „Tootsie", hier im Bahnhof von Wilderness, dampfte zum Zeitpunkt der Aufnahme 1986 noch vor einem planmäßigen GmP zwischen Knysna und George. Heute verkehren auf dieser küstennahen Schaustrecke fast das ganze Jahr über dampfbespannte Touristenzüge. Die abgebildete Maschine ist eine Nebenbahnlok der SAR-Klasse 24, welche speziell für Strecken mit geringer Achsfahrmasse konstruiert wurde.

24 (SAR) NEBENBAHNLOKOMOTIVE

Bauart	1′ D 2′ h2
Hersteller	North British
Stückzahl	100
Spurweite	1067 mm
Gesamtgewicht	128 t
Ø Treib- u. Kuppelachse	1300 mm
1. Baujahr	1948

Schwere, aber auch besonders starke Maschinen stellen die südafrikanischen Garratt-Lokomotiven dar. Durch ihren gelenkigen Aufbau waren sie in der Lage, auch auf der Kap-Spur von nur 1067 mm besonders enge Kurvenradien mit hohen Lasten zu bewältigen. Bei dieser Konstruktion trägt ein Triebwerk den Kohle-, das andere den Wasservorrat. Beim Personal hingegen, besonders beim Heizer, waren diese Maschinen nicht besonders beliebt.

Auch schwarze dicke Ladys aus Stahl blicken gerne einmal in den Spiegel. Die 25 NC des riesigen SAR Dampflokdepots in de Aar trugen alle Mädchennamen. Die Baureihe war ungemein beliebt wegen ihrer unübertroffenen Leistungsfähigkeit bei vergleichsweise geringem Unterhaltungsaufwand.

E ines der berühmtesten Fotomotive für den Eisenbahnfan in Südafrika ist die Brücke über die Mündung des Kaaimanrivers in den indischen Ozean. Neben regelmäßigen Museumszügen zwischen den Orten George und Knysna verkehren hier auch gelegentlich Sonderzüge mit Doppelbespannungen, die mehrere Tage mit wechselnden Lokomotiven durch die südliche Region dieses Landes fahren.

Durch die Ruhe eines gerade erwachten Herbsttages im Jahre 1993 donnert Lok 2765 mit ihrem Sonderzug. Noch Minuten später hat sich die Dampfwolke nicht vollständig aufgelöst.

USA

Giganten auf Schienen

Der oft strapazierte Ausspruch „Amerika, das Land der unbegrenzten Möglichkeiten" gilt auch ohne Einschränkungen für das gesamte Eisenbahnsystem dieses Landes – oder besser gesagt: galt. Im Jahre 1830 begann die stürmische Entwicklung der amerikanischen Eisenbahnen. Von Anfang an wurden diese von Privatunternehmen betrieben. Dabei machte es die Größe des Landes erforderlich, in anderen Dimensionen zu denken als in Europa. Schon während des Bürgerkrieges 1862 wurde von Präsident Abraham Lincoln ein Gesetz unterzeichnet, eine transkontinentale Eisenbahnstrecke zu bauen, deren Fertigstellung am 10. Mai 1869 gefeiert wurde. Damit war die Eisenbahnverbindung „from coast to coast" realisiert. In der Folge entwickelte sich auf dem gesamten Kontinent geradezu ein Eisenbahnfieber, und überall zog der Schienenstrang seine Wege durch das Land. Um den Anforderungen einer leistungsfähigen Eisenbahn zu genügen, wurden in der Blütezeit Dampflokomotiven konstruiert und gebaut, deren Größe und Stärke auf den Betrachter schon fast beängstigend wirkten. Höhepunkt dieser Entwicklung bildet ohne Zweifel der weltberühmte „Big Boy", eine 2'D+D2'-Maschine, die mit einer Länge von ca. 40 Metern, einem Gewicht von 541 Tonnen, einer Höchstgeschwindigkeit von 128 km/h und einer Zugkraft von 61.300 PS in der Lage war, in der Ebene 3000 Tonnen schwere Züge mit 112 km/h oder 4000 Tonnen über Steigungen von 11 Prozent mit 40 km/h zu befördern.
Doch was ist geblieben in der Konkurrenz zum schnelleren Flugzeug und zum individuelleren Auto? Ein Streckennetz von ca. 190.000 Meilen, das vorzugsweise für den Güterverkehr genutzt wird. Für Eisenbahnfans empfiehlt es sich aufgrund der vielfältigen Landschaft und der endlos lang scheinenden Güterzüge mit einer Vielzahl von Lokomotiven immer noch, eine Reise in das Land der unbegrenzten Möglichkeiten zu unternehmen.

Das Schmalspurflair vergangener Denver- & Rio-Grande-Westerntage lebt wieder auf, wenn die Cumbres & Toltec Scenic Railroad (betrieben von den Bundesstaaten Colorado und New Mexico) noch einmal Charter-Güterzüge zusammenstellt. Die 1D1-Lokomotiven mit 480er-Nummern haben außen liegende Rahmen. Für einige von ihnen begann ihr Leben bemerkenswerterweise als Regelspurlok. Auch die regelmäßig verkehrenden Museumszüge für Touristen bieten atemberaubende Blicke in die faszinierende Landschaft.

J SCHNELLZUGLOKOMOTIVE

Bauart	2'C2'
Hersteller	Norfolk & Western
Stückzahl	13
Leistung	6000 PSi
Höchstgeschwindigkeit	180 Km/h
Ø Treib- u. Kuppelachse	1778 mm
Baujahr	1941 bis 1950

Eine kaum vorstellbare Dimension stellen die großen US-amerikanischen Dampflokomotiven dar. Insbesondere die Lok 611 der J-Klasse von der Norfolk & Western RailRoad konnte als Museumslok, stationiert in ihrer alten Heimat Roanoke in West Virginia, noch in den 90er-Jahren unglaublich beeindrucken. Vor Sonderzügen, bestehend aus 30 und mehr schweren Reisezugwagen, hat sie ihre Leistungsfähigkeit immer wieder unter Beweis gestellt. Auf dem Bild oben zeigt sie ihre majestätische Kraft und Eleganz in der frühherbstlichen Landschaft von West-Virginia, auf dem Bild unten verlässt sie Roanoke, vorbei an Güterzügen, die noch an die vergangenen Zeiten mit einem immensen Frachtaufkommen auf der Schiene erinnern.

Historisches Eisenbahnmaterial existiert noch an vielen Orten in den USA, verteilt über den ganzen Kontinent. Sowohl auf Privatinitiative als auch von den Eisenbahngesellschaften selbst werden Dampflokomotiven voller Begeisterung gepflegt. Es wurde sogar ein Nationalpark eingeweiht, in dem ein komplettes Bahnbetriebswerk mit allen Behandlungsanlagen für Dampflokomotiven wieder aufgebaut wurde. In der kleinen Stadt Ely im Staat Nevada gibt es noch auf einigen Kilometern die Möglichkeit, eine Dampflokomotive mit historischem Wagenmaterial im Einsatz zu erleben.

V or Sonnenaufgang rangiert eine amerikanische Großdampflok ihren
Zug zusammen. Der ungewohnt starke Scheinwerfer an der Rauch-
kammertür zusammen mit der unverwechselbaren amerikanischen Lok-
Pfeife machen diese morgendliche Aktion nicht gerade unauffällig.

Vom Arbeitsplatz der Dispatcherin der zweispurigen Mühle Nr. 207 „Gregorio Arlee Manalich" aus bietet sich der Blick auf die Kreuzung von Normalspurgleisen 1435 mm mit 762 mm Schmalspur. Die 1`D-Lok „E 1306" (E steht für estrecho = schmal) wurde 1912 gebaut. Die Mühle setzt drei Dampfer auf Schmalspur und nur noch einen auf Normalspur ein, alle entstammen dem Hause Baldwin. Auf Normalspur haben sich leider auch schon Dieselloks breit gemacht.

Viva la revolución y viva la locomotora de vapor

Sozialismus unter blauem Himmel, Tropen ohne Malariaprophylaxe, Che und Fidel allerorten und als Krönung jede Menge Baldwins aus den USA. Das sind die unverwechselbaren Merkmale dieses karibischen Dampflokparadieses. Die Staatsbahn FdeC (Ferrocarriles de Cuba) fährt auf 4900 km Normalspur und ist nur für Dieselnostalgiker interessant.

Den Dampflokfreund zieht es auf die Zuckerplantagen. Offiziellen Angaben zufolge umfasst deren Netz 9638 km, Normalspur und sämtliche Varianten von Schmalspur zusammengerechnet. Mitte der neunziger Jahre waren je nach Ergiebigkeit der Ernte zwischen 50 und 60 Mühlen mit Dampflokeinsatz zu verzeichnen. 540 existierende Dampfloks sind bekannt, exakt 63 Prozent entstammen der legendären US-amerikanischen Lokomotivfabrik Baldwin. Nur ganze 20 Maschinen sind deutscher Herkunft, die meisten davon baute Henschel.

Mitte der siebziger Jahre führte das kubanische Zuckerministerium (MINAZ) für alle Dampfloks ein zentrales Nummernschema ein, beginnend mit 1101 für die schwächste und 1911 für die leistungsfähigste Maschine. Die Nummernvergabe erfolgte unabhängig von der Spurweite. Jeder Zuckermühle ist ebenfalls eine Kennnummer zugeordnet. Die Einteilung folgt der Geographie: 100er-Nummern tragen die Fabriken ganz im Westen, 600er-Nummern die im Osten der lang gestreckten Zuckerinsel. Einprägsamer als bloße Zahlenfolgen sind natürlich die Namen der Mühlen. Sehr häufig werden sie nach Revolutionären benannt. Folgerichtig gibt es auch eine „Jesus Rabi" (Nr. 314). Und, Klassenfeind hin, Klassenfeind her, die Nr. 449 heißt „George Washington"!

Das Werk „Ruben Martinez Villena" (Nr. 211) fällt durch sehr ansprechende Architektur aus dem üblichen Rahmen. So scheint das Gebäude hinter der rangierenden 1`C 1`-Tenderlok „2419" eher im indischen Mysore als auf Kuba zu stehen. Die Baldwin-Maschine von 1904 trägt übrigens nicht ihre offizielle Nummer, diese lautet „1311". Die Mühle setzt insgesamt sieben Dampfloks ein.

Die Satteltanklok der Achsfolge 1`C 1` (Baldwin 1904) fährt auf der normalspurigen „Marcelo Salado" (Nr. 428). Nummernstatistikern gibt sie Rätsel auf: Ist sie wirklich die „1343"? Im offiziellen Verzeichnis taucht als „1160" nochmals eine baugleiche Lok auf, der sogar dieselbe Fabrikationsnummer (24614) des Hauses Baldwin zugeordnet ist.

Nr. 635 „Rafael Freyre" ist die östlichste Mühle der Insel und dürfte das ausgedehnteste Netz aller Zuckerbahnen Kubas besitzen. Die Lok „9" mit ihrem kurzen Leerzug steht in der herrlich gelegenen Ausweichstelle Paraiso (= Paradies). Die Qualmwolke stammt nicht, wie bei einer Zuckerbahn zu vermuten wäre, von verfeuertem Zuckerrohrstroh (Bagasse). Sämtliche Dampfloks auf Kuba sind ölgefeuert!

Mit zwei Leerwagen und Caboose ist Lok 1548 der Zuckermühle Quintin Banderas auf dem Weg zur Ladestelle Grua Tita. Auf der Strecke, die parallel zur Küste der Karibischen See verläuft, kommen nur noch in Ausnahmefällen Dampfloks zum Einsatz. Regulärer Dampfbetrieb herrscht dagegen noch in der Zuckermühle beim Rangierbetrieb.

Die Mühle Nr. 210 „Osvaldo Sanchez" besitzt als Besonderheit Dreischienengleis (Normalspur + 762 mm) im Werksbereich. Auf den Feldern liegen nur Schmalspurgleise. Die 1894 gebaute 1`B 1`-Normalspurlok „1204" schiebt gerade mit Zuckerrohr beladene Wagen in die Fabrikhalle.

Mit einem schwer beladenen Zuckerrohrzug kehrt Lok 1807 von der Ladestelle Vellocino zurück zur Zuckermühle Juan Avila. Die Weiterfahrt wurde allerdings einige Momente später durch eine Zugtrennung abrupt unterbrochen. Im Jahr 2002 hatte Juan Avila noch einmal mit einem Streckeneinsatz von Dampflokomotiven überrascht, nachdem vorher bereits der Dieselbetrieb dominiert hatte.

N r. „44" mit dem zweiten Dampfzug
der G & Q nach Wiedereröffnung des
Abschnittes Bucai-Alausi (Aufnahme am
09.07.1988). Recht friedlich fließt der Rio
Chanchan unter dem Brückchen dahin,
welches sich neun km unterhalb Sibambe
befindet. Doch seine Wutausbrüche zer-
stören Dämme und reißen Eisenbahn-
brücken weg. Kann dann die Bahn nicht
mehr verkehren, müssen Tragtiere die
Transportprobleme lösen. Straßen oder
auch nur befahrbare Wege gibt es weit
und breit nicht.

Ecuador

El tren al cielo –
der Zug zum
Himmel

Die kapspurige Eisenbahn der G & Q
(Guayaquil & Quito) gehört leider der
Vergangenheit an. Sie wurde Mitte der
neunziger Jahre „eingemottet".
Versetzen wir uns darum in das Jahr
1989 zurück und besteigen in Duran,
dem verslumten Vorort der Hafenme-
tropole Guayaquil, einen der hölzernen
Vierachser des abfahrbereiten Dampf-
zuges. Die kleine Mogul (1`C) ist wie alle
Dampfloks Ecuadors eine echte Baldwin. Auch die Wagen sind made in USA
und machen seit 1900 die Gleise Ecuadors unsicher. Nach endlosem Gezuckel
durch die Reis- und Zuckerrohrfelder
der tropischen Küstenregion wird nach
83 km Bucai erreicht. Unsere Lok ist zu
schwach für die Weiterreise und wird
von einer Consolidation (1`D) abgelöst.
Ein halbes Jahrzehnt war der folgende
Streckenabschnitt von Gesteinsmassen
verschüttet gewesen und ist erst seit
Mitte 1988 wieder befahrbar.
Nach ein bis zwei Entgleisungen in der
steilen Schlucht des unberechenbaren
Rio Chanchan kommt der Bahnhof Sibambe in Sicht. Hier auf 1800 m Höhe
muss wohl Endstation sein, Bergwän-
de blockieren die Weiterfahrt. So dach-
ten anfangs auch die Konstrukteure der
Bahn. Vier Jahre ruhte der Weiterbau,
bis man eine Lösung fand. Und die ist
spektakulär: Die Strecke krallt sich in
die Wand eines Felsklotzes, der „Nariz
del Diablo" (Teufelsnase) genannt wird,
und überwindet das Hindernis mit Hilfe
von zwei Spitzkehren. 800 m muss der
Zug auf den 11,6 km zwischen Sibambe und seiner 2600 m hoch gelegenen
Endstation Alausi klettern. Das bedeutet durchschnittlich 69 Promille Steigung. Damit ist diese Rampe die steils-
te Adhäsionsstrecke der Welt!
Weiter zur 2800 m hoch gelegenen Hauptstadt Quito geht es mit einem Autoferro,
einem zum Schienenfahrzeug umgebauten Autobus. Unterwegs wird die
Luft besonders dünn in der Station
Urbina, dem mit 3609 m höchsten
Punkt der Bahn.

N r. „11" (1'C, Baujahr 1900) auf der Hauptstraße von Milagro.
Sobald ein Zug zu hören ist, müssen die auf den Schienen aus-
gebreiteten Marktstände eiligst zur Seite geschafft werden.
Auf der Fahrt von Bucai nach Duran quält sich die Bahn
auf ähnliche Weise durch zwei weitere Ortschaften.

Verschnaufpause in Huigra nach 30 km anstrengender Bergfahrt, bei der sich Lok „44" (Baldwin 1944) exakt 922 m hocharbeiten musste. Die Ortschaft ist die einzige größere Ansiedlung zwischen Bucai und Alausi.

Wasser fassen in Baraganetal. Bei der tropischen Hitze im Küstengebiet ist es kein Wunder, dass Lok „11" schon nach 68 km Fahrt großen Durst bekommen hat, obwohl sie nur 85 m steigen musste.

Talfahrender Zug bei Ankunft in der Station Naran-japata, die sich in der Region des tropischen Regenwaldes am Westhang der Anden befindet. Das 13 km entfernte Bucai liegt 270 m tiefer. Die 1'D-Lok „58" ist der jüngste Dampfer Ecuadors (Baldwin 1953). Um keine falschen Vorstellungen aufkommen zu lassen: Auch für die billigen Plätze auf den Dächern muss gezahlt werden!

Die Lok „44" schiebt ihren gemischten Zug in die obere Spitzkehre der „Teufelsnase". Unten in der Schlucht des Rio Chanchan ist der Bahnhof Sibambe (1806 m) zu erkennen, in dem die 145 km lange Nebenlinie nach Cuenca abzweigt.

Zwölf Uhr mittags! In einer Viertelstunde wird der Schülerzug nach Ypacarai den stilvollen Hauptbahnhof von Asuncion verlassen. Zuvor wird ein Polizist erscheinen und die Avenida Colonel Bogado absperren. Lok „82" (Achsfolge 1`C) wurde 1910 von den Usines Métallurgiques du Hainaut in Belgien für die argentinische Urquizabahn gebaut. Auf ihre alten Tage gelangte sie noch zur FCPCAL. Ehemals argentinische Loks sind an den schmucklosen Rauchkammern zu erkennen. Sie durften ihre argentinischen Nummern behalten.

Nachruf auf die Ferrocarril Presidente

Man stelle sich den Hauptbahnhof einer modernen Hauptstadt vor, der nur zweigleisig ist und zu kurz, um mehr als eine Lok und drei Reisezugwagen fassen zu können. 1861, als man ihn baute, dachte man noch gar nicht an die belebte Hauptstraße, die inzwischen seine Ausfahrt kreuzt. Ein weiterer angekuppelter Wagen bewirkt ein Verkehrschaos. Aber so groß ist das Problem auch wieder nicht, da nur neun Zugpaare verkehren; pro Woche, nicht täglich!

Wo es das gibt? Nirgends mehr. Das gab es aber noch in den neunziger Jahren in Asuncion, der Hauptstadt Paraguays, bevor der Bahnverkehr im ganzen Lande aufgegeben wurde. Täglich um 12:15 Uhr verließ ein Zug den Kopfbahnhof und fuhr ins 44 km entfernte Ypacarai. Erst am frühen Morgen des nächsten Tages kam er zurück. Zusätzlichen Stress verursachten nur noch die zwei wöchentlich verkehrenden „internationalen Zugpaare" zum 370 km entfernten Encarnacion an der Grenze zu Argentinien. Und unverhofft tauchte auch mal ein Güterzug auf, aber eher selten! Das war alles, was die „Ferrocarril Presidente Carlos Antonio Lopez", kurz FCPCAL, landesweit an Verkehr zu bieten hatte. Alle Züge waren dampfbespannt, das versteht sich von selbst. Auf Dieseltraktion ist die FCPCAL nie herabgesunken.

1859 hatte der Bau der Bahn begonnen. Man wählte Breitspur 1676 mm. Damit auf argentinischer Seite ungehindert bis Buenos Aires weitergefahren werden konnte, nagelte man 1911 das System auf Normalspur 1435 mm um. Von einer englischen Gesellschaft betrieben, wurde die Bahn 1961 verstaatlicht und erhielt besagten langen Namen. Zuletzt unterhielt sie 26 Dampfloks, 1`C- und einige wenige 2`C-Schlepptendermaschinen meist britischer, aber auch belgischer Herkunft. Letztere stammten von der argentinischen Urquizabahn. Alle Maschinen waren zweizylindrige Nassdampfloks mit Holzfeuerung.

Blick in den Lokschuppen von Asuncion. Nr. „54", hier mit ausgebauter Laufachse, gehört zu einer Serie von 14 Maschinen, die North British 1910 baute. Lok „151" (Achsfolge 1`C) wurde 1953 von Yorkshire Engine Co. nach Paraguay geliefert.

Als „La Trochita" auch in der Einöde zwischen El Maiten und Ingeniero Jacobacci noch dampfte! 14 Stunden dauerte die Reise ab Esquel auf dieser mit 400 km längsten 750 mm-Bahn der Welt. Kein Wunder, dass der 1`D 1`-Lok der Klasse 75H, Henschel 1922, auch ein Speisewagen angehängt werden musste. „La Trochita" bedeutet übrigens „die mit der kleinen Spurweite".

La Trochita oder die Reise vom Nichts zum Nichts

Man kann es sich kaum vorstellen: Vor einigen Jahrzehnten noch zählte Argentinien zu den reichsten Ländern der Welt. Korruption gepaart mit Unfähigkeit und Größenwahn wirtschafteten es auf den Stand der Dritten Welt herunter. Wie das ganze Land liegt auch das Eisenbahnwesen zerschmettert am Boden. Dabei war das Netz gut ausgebaut und überraschend dicht. Präsident Menem schaffte die Staatsbahn Ferrocarriles Argentinos (FA) 1993 ab und überließ die Trümmer den einzelnen Provinzen. So kann man innerhalb einer solchen mit Glück eine Zugverbindung erwischen, die Reise endet aber an der nächsten Provinzgrenze. Dort kann man dann schauen, wie man weiterkommt. Zugegeben, gegen das Flugzeug hat die Bahn in einem dermaßen riesigen Land heutzutage schlechte Chancen.

Weltweite Bekanntheit erlangte die im menschenleeren Patagonien verkehrende 750-mm-Dampfeisenbahn „La Trochita", die seit 1946 das im Nichts gelegene Andenstädtchen Esquel mit der 400 km entfernten und sich ebenfalls im Nichts befindenden Bahnstation Ingeniero Jacobacci verbindet. Auch für dieses Bähnchen kam 1993 das Aus.

Am südlichsten Ende Argentiniens, noch 1200 km südlicher als Esquel gelegen, gibt es eine weitere 750-mm-Strecke, die vom Hafen von Rio Gallegos zu den Kohlegruben in Rio Turbio führt. Mit 253 km ist sie wesentlich kürzer als „La Trochita". Sie ist aber immerhin so lang wie alle acht Schmalspurbahnen der ehemaligen DDR zusammen. 1996 wurden die Dampfloks von bulgarischen Dieslern abgelöst. Nicht unwahrscheinlich ist, dass ihnen die schweren Kohlenzüge längst den Garaus gemacht haben und die unverwüstlichen Dampfer wieder am Zuge sind. Aber wer reist so weit, nur um das zu überprüfen?

Die Northern Railway bespannte Reisezüge in die Hauptstadt Delhi bis Ende 1993 mit Dampfloks. Die breitspurige Pazifik WP 7501 wird in Delhi Junction gedreht und dann für die Rückreise nach Saharanpur vorbereitet.

WP SCHNELLZUGLOKOMOTIVE

Bauart	2´C 1´ h2
Hersteller	Chittaranjan, Baldwin, Wiener Lokfabrik u.a.
Stückzahl	755
Spurweite	1676 mm
Ø Treib- u. Kuppelachse	1702 mm
Baujahr	1947 bis 1967

Die älteste Dampflok der Welt

Fast bis zum Ende des 20. Jahrhunderts blieb Indien ein echtes Eldorado für Dampflokfreunde, obwohl klimabedingt prächtige Dampfentwicklung kaum einmal geboten wurde. Der einmalige Reiz lag in der unvergleichlichen Vielfalt und Farbigkeit, an den Begleitumständen einer Reise mit und zu den Dampfzügen des riesigen Subkontinents, die meist fernab aller touristischer Strukturen verkehrten. Erfahrungsgemäß wird nach jedem ersten Besuch Indiens die Weiche gestellt. Entweder es entwickelt sich eine abgrundtiefe Abneigung oder man wird geradezu süchtig nach dem Kulturschock, den dieses chaotische Land bietet, welches durch seine hygienischen Defizite durchaus auch die Gesundheit des Reisenden gefährden kann.

Die „Indian Railways" betreiben ein riesiges Netz von etwa 62 000 km. Züge gibt es auf vier Spurweiten zu erleben. Auf Breitspur 1676 mm dampfte bereits die erste Eisenbahn im Jahre 1853. Parallel zu diesem „king size"-Format wurde alsbald das kostengünstigere Meterspurnetz erstellt, das zu seinen besten Zeiten fast 26 000 km umfasste. Von den einst zahlreichen Nebenbahnen mit 762 mm und 610 mm sind nur wenige übrig geblieben.

Wer heute noch Dampfloks in Indien erleben will, braucht viel Zeit und gute Vorausplanung. Unter anderem verkehren Dampfloks noch auf Teilen der zum offiziellen Weltkulturerbe gehörenden Darjeelingbahn im Himalaya (610 mm). Die Nilgiribahn in Südindien ist eine meterspurige Zahnradstrecke mit Schweizer Dampfloks. Von Delhi aus verkehrt ganz selten ein Zug mit der Fairy Queen, der ältesten betriebsfähigen Dampflok nicht nur Indiens, sondern der ganzen Welt, Baujahr 1855! Das Depot in Rewari unterhält zwei Breitspurdampfloks speziell für „high-budget"-Touristenzüge; der bekannteste ist der „Palace on wheels".

I m Jahr 1991 war dieser Blick durch die Tore des Schuppens von Rewari noch möglich: Meterspur- Mikado YG 3009, dahinter YG 3323. Im vergangenen Jahrzehnt sind die wichtigsten Meterspurlinien auf 1676 mm umgespurt worden, so auch in Rewari.

YG UNIVERSALLOKOMOTIVE

Bauart	1'D 1' h2
Hersteller	Telco, Mitshubishi, Wiener Lokfabrik u.a.
Stückzahl	1074
Spurweite	1000 mm
Ø Treib- u. Kuppelachse	1219 mm
Baujahr	1949 bis 1972

Breitspurdepot Moradabad der Northern Railway. 1991 war der gewaltige Rundschuppen noch vollgestellt mit Loks der Baureihen WG und WP. Der zum Ausrücken bereite Koloss auf der Drehscheibe ist die WG 8706.

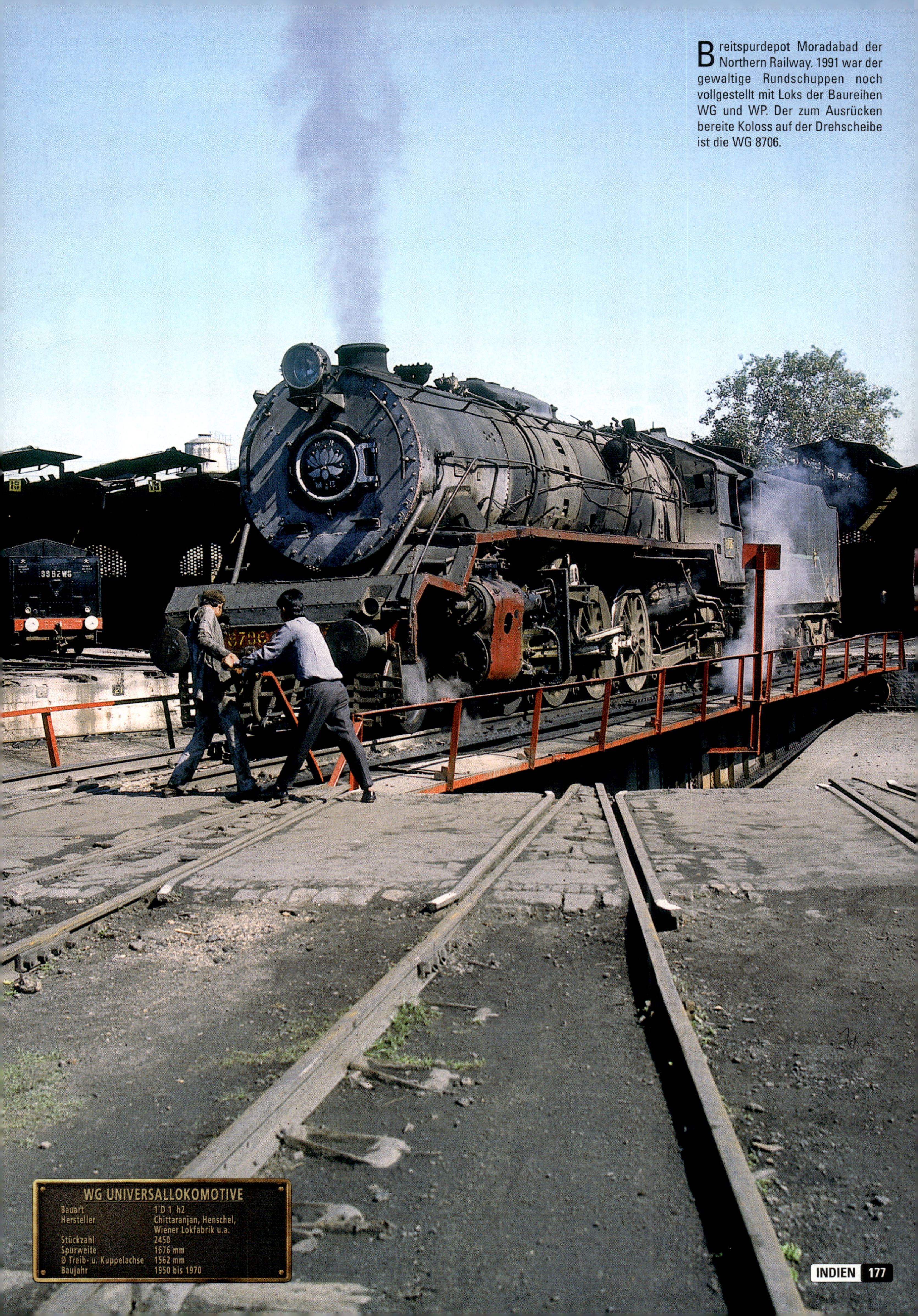

WG UNIVERSALLOKOMOTIVE

Bauart	1'D 1' h2
Hersteller	Chittaranjan, Henschel, Wiener Lokfabrik u.a.
Stückzahl	2450
Spurweite	1676 mm
Ø Treib- u. Kuppelachse	1562 mm
Baujahr	1950 bis 1970

Land der Extreme: größter Berg und kleinste Bahn

Wo die Bahn im Gebirgskönigreich Nepal fährt, sind weit und breit keine Himalayariesen zu sehen. Dafür gibt es hier an der Grenze zu Indien Sümpfe und üppige Vegetation in absolut flacher Landschaft.

Die Nepalesische Staatsbahn besteht nur noch aus der 1934 erbauten 53 km langen 762-mm-Schmalspurbahn vom Grenzort Jaynagar nach Bizalpura und ist seit 1994 verdieselt. Die 48 km lange zweite Bahnlinie Nepals von Raxaul nach Amlekhganj ist längst von der Bildfläche verschwunden.

Der Grenzübertritt in Jaynagar geschieht ohne jeden Kontakt mit staatlichen Autoritäten. Schade um die Zeit und das Geld für die Beschaffung des Visums.

Die Zeitverschiebung von 15 Minuten zur indischen Zeit spielt überhaupt keine Rolle bei der undurchdringlichen Gestaltung des Fahrplans. Die Bahn kann sich das leisten. Da es in der Gegend keine Straßen gibt, braucht sie keinerlei Konkurrenz zu fürchten. So entstand unsere Aufnahme am 22. Oktober 1991 um 16:30 Uhr. Bereits um 11 Uhr waren die ersten Fahrgäste aufgetaucht, bald konnte man den Bahnsteig vor Menschen nicht mehr erkennen. Entweder war Unsicherheit über den Zeitpunkt der Abfahrt die Ursache für das frühe Erscheinen oder der Wunsch, sich nicht mit einem der luftigen Plätze außerhalb der Wagen begnügen zu müssen.

Die C`1-Lok vor dem etwas überladenen Zug „7 up" heißt „Chandra", was Mond bedeutet. Sie wurde 1962 bei Hunslet in England gebaut. Der nächste Halt ist Khajuri. Dort gibt es ein Depot mit insgesamt neun Dampfloks, darunter zwei Garratts. Kalt abgestellt kann man sie dort sicherlich auch heutzutage noch bewundern.

V iel Betrieb herrscht auf den Feldern der Zuckerfabrik Pagottan, welche acht Schlepptenderloks
auf der Spurweite 700 mm beschäftigt. Alle sind
deutscher Herkunft. Die abgebildeten Maschinen
sind von Orenstein & Koppel geliefert: Lok „7" (links)
von 1925 ist ein Fünfkuppler, Lok „1" (Mitte) von 1909
und Lok „3" (rechts) von 1920 sind Vierkuppler.

Zuckerrohr und alte Technik

13 700 Inseln umfasst das Riesenland, doch nur auf der Hauptinsel Java und auf Sumatra fahren Eisenbahnen. Das Staatsbahnnetz umfasst insgesamt 6500 km. Vor dem Zweiten Weltkrieg war Normalspur 1435 mm sehr verbreitet. Während der japanischen Besatzungszeit wurde das ganze Netz auf die in Japan übliche Kapspur 1067 mm umgenagelt.

An die zu Anfang der achtziger Jahre des vorigen Jahrhunderts ausgeklungene Dampflokära erinnern auf Java das Freiluftmuseum in der Hauptstadt Jakarta und ein zweites in Ambawara. Jedes der Museen beherbergt etwa 25 äußerlich gut gepflegt wirkende Dampfloks. Dazu konnte man 1995 in Ambawara eine betriebsfähige Zahnradlok erleben. Angeblich sollen inzwischen noch zwei weitere Zahnradloks fahrbereit sein. Auslauf bekommen diese Veteranen auf einer 7 km langen Zahnradstrecke. Der Zug fährt nur auf Bestellung von Touristengruppen. Einzelreisende müssen bis zum Eintreffen einer solchen warten oder sehr tief in die Tasche greifen.

Aber Dampfloks gibt es auch sonst noch in Hülle und Fülle auf Java. Je nach Ergiebigkeit der Zuckerernte fahren sie bei 20 bis 30 Zuckerfabriken, verteilt über die ganze Insel. Die Fabriken und ihre Bahnen stammen meist noch aus der Zeit der niederländischen Kolonialherrschaft, die nach 1945 endete. Die Schmalspurbahnen besitzen die unterschiedlichsten Spurweiten und bieten im wahrsten Sinne des Wortes ein buntes Gemisch abenteuerlichster Konstruktionen von Herstellern aus Belgien, Deutschland, England, Frankreich, Holland und den USA. Auch Blicke in die Werkshallen der Zuckermühlen lassen staunen: Die riesigen Zahnräder der Mahlwerke werden häufig noch von überdimensionalen stationären Dampfmaschinen angetrieben. Java ist einfach ein Paradies für Liebhaber der Technik von gestern.

Die kapspurige Zahnradlok B 2503 steht in Ambawara bereit zur Abfahrt. Die B 1`-Maschine wurde 1902 zusammen mit zwei Schwesterloks von der Maschinenfabrik Esslingen geliefert. In der Station Jambu beginnt die Zahnstange System Riggenbach. Dort wird die Alte aus dem Schwabenland sich an den Zugschluss setzen und ihre Fuhre bis Bedono hoch schieben.

Die Bahn der Zuckermühle Jatibarang fährt auf Gleisen der Spurweite 600 mm. Neben zwei Dampfloks belgischer Herkunft werden neun Loks aus Deutschland eingesetzt. Der gerade mit Manneskraft gedrehte Vierkuppler Nr. „4" ist baugleich mit Nr. „11". Beide wurden 1913 von Jung gebaut.

Die neun Dampfloks der Hawaiian Philippine Company beherrschen ohne Dieselkonkurrenz das 165 km umfassende Netz der Plantagenbahn mit 914 mm Spurweite. Sämtliche Maschinen präsentieren sich in attraktivem Blau. Die C-gekuppelte Satteltanklok „8" trägt den Namen „N.M.S. Rich" und wurde 1918 von Baldwin geliefert. Alle Loks dieser Bahn werden mit Bagasse (Zuckerrohrstroh) gefeuert.

Supermarkt statt Hauptbahnhof

In diesem ostasiatischen Staatsgebilde aus über 700 Inseln konnte die Eisenbahn geographisch bedingt niemals die Bedeutung von Schifffahrt und Luftverkehr gewinnen. Lediglich auf der Hauptinsel Luzon existiert das noch etwa 800 km umfassende kapspurige Eisenbahnnetz der Philippine National Railways. Den spärlichen Verkehr bewältigen seit 1952 ausschließlich Dieselfahrzeuge. Reiseführer behaupten, dass vor dem Hauptbahnhof von Manila, der Tutuban Station, als Denkmal eine Dampflok stehe. Doch das ehrwürdige Bahnhofsgebäude ist nirgends zu entdecken. Dafür erblickt man plötzlich drei Lokdenkmäler, alle auf dem riesigen Parkplatz eines supermodernen Einkaufszentrums aufgestellt. Ihm wurde die Tutuban Station geopfert! Unwillkürlich erwachen Assoziationen zum Projekt „Stuttgart 21"!

Unbestätigten Berichten nach soll eine dieselbetriebene Privatbahn auf der Insel Panay existieren, ansonsten sind nur noch Werksbahnen von Zuckerplantagen bekannt. Auf der Insel Luzon gibt es nördlich von Manila auf dem Gelände der Zuckerfabrik von Tarlac neun Dampfloks zu bewundern. Sie sind gut erhalten, aber abgestellt.

Wer aktiven Dampfbetrieb sucht, wird alleine im nördlichen Teil der Insel Negros fündig. So ergab eine Visite im Jahr 1997, dass nur noch die Hawaiian Philippine Sugar Company ausschließlich auf Dampf setzt. Die Central Azucarera De La Carlota hatte noch drei Maschinen angeheizt, den Hauptverkehr bewältigten Dieselloks. Bei wenigen anderen Bahnen standen die Dampfer mehr oder weniger als Reserve herum und wurden nur gegen reichliches Entgelt angeheizt. In den erwähnten Firmennamen spiegelt sich übrigens die geschichtsbedingte sprachliche Vielfalt der Philippinen wieder: Ab 1521 spanische Kolonie, wurde das Land von 1901 bis zur Selbstständigkeit nach 1945 zum „imperialistisch-kolonialen Sündenfall" der USA.

Nur noch zu Sonderleistungen wird der 1932 gebaute D-Kuppler 8H der Victorias Milling Company angeheizt. Diese 610-mm-Werksbahn auf Negros besitzt noch insgesamt sieben holzgefeuerte Dampfloks. Alle stammen von Henschel.

Durch tropische Vegetation führt die 914-mm-Zucker-rohrbahn der Danao Development Corporation, die noch drei Dampfloks als Reserve besitzt. Die Anrainer kümmern sich nicht um das Spektakel über ihnen, demnach scheint Dampfbespannung noch keine Seltenheit zu sein.

NR. "42" INDUSTRIELOKOMOTIVE

Bauart	1' C 1' n2
Hersteller	Bagnall
Stückzahl	3
Leistung	unbekannt
Höchstgeschwindigkeit	unbekannt
Ø Treib- u. Kuppelachse	unbekannt
1. Baujahr	1927

Eine der Damen scheint sich nicht dafür zu interessieren: Kleinere Reparaturen wie Stopfbuchsenwechsel an den Zylindern werden direkt im Vorfeld des Bahnhofs Namyao erledigt. Namyao ist die Endstation der Minenbahn "People´s Bawdwin Industry" im Nordosten des Shan-Staates. 1922 wurden aus England drei baugleiche 1 C 1 -Loks bezogen, von denen nur die abgebildete Rangierlok Nr. „42" übrig geblieben ist.

Dampfloks unter goldenen Pagoden

Das unter dem Joch einer finsteren Militärdiktatur leidende Land wurde 1988 in „Myanmar" umgetauft. Von 1886 bis 1947 war es der östlichste Teil von Britisch-Indien gewesen. Das Kernnetz der Myanmar Railways stammt aus dieser Zeit und ist in der für Indien typischen Meterspur ausgeführt. Neben den Bahnbauten und dem Signalwesen können auch die verbliebenen Fahrzeuge ihre anglo-indischen Wurzeln nicht verbergen. Rund 80 Dampfloks existieren noch, nur ein geringer Teil davon ist betriebsfähig. Alle Baumuster sind schon seit Jahrzehnten von den Schienen ihres Stammlandes Indien verschwunden. Bis 2002 waren dampfbespannte Reisezüge noch auf zwei Strecken täglich unterwegs. Seitdem werden Dampflokomotiven nur noch in der Zuckersaison angeheizt oder vor so genannten Steinzügen eingesetzt, welche von Steinbrüchen Baumaterial in die Hauptstadt Yangon bringen.

Lange Zeit war Ausländern die Einreise nach Myanmar nur bedingt möglich. Devisenmangel zwang die Generäle Anfang der neunziger Jahre, das Land dem Tourismus zu öffnen. Nicht zugänglich sind aber bis auf den heutigen Tag weite Regionen des Vielvölkerstaates geblieben. Die Ursache sind ethnisch bedingte Guerillakriege, die schon Jahrzehnte andauern. Bis 1996 galt das auch für weite Teile des Shan-Staates ganz im Nordosten an der Grenze zu China. Kaum wurde die Sperre gelockert, entdeckten unerschrockene Experten die 44 Meilen lange Werksbahn der People´s Bawdwin Industry, welche auf 610-mm-Spur durch Dschungelregionen bis hinauf in die Shan-Berge zu Silberminen führt. Zwar werden die Erzzüge mit Dieselloks befördert, doch sind noch zwei sehr ungewöhnliche Dampfloks im Einsatz, die den klimabedingt außerordentlich strapaziösen und zeitaufwendigen Besuch lohnen: Ab Yangon kann die Anreise bis zu drei Tage dauern.

Am nördlichen Ende der Minenbahn kurz vor der Verladestation „Tiger Camp" kann die Strecke nur noch mit Hilfe der „Spiral of Wallah Gorge" Höhe gewinnen. Die geringe Geschwindigkeit der Züge erlaubt Fahren im Sichtabstand. So tuckert der aus einem japanischen Hino-LKW gebaute Schienenbus vom Typ NBRTE (Namtu Bawdwin RailTruck Engine) vor dem Dampfzug mit der B 1'-Lok Nr. „13" durch die Schleife. Die kleine Maschine vom Industriebahntyp „Huxley" erledigt normalerweise den Übergabeverkehr vom Bahnhof Namtu zum Hochofen der Mine.

NR. "13" TYP "HUXLEY" INDUSTRIELOK

Bauart	B 1' n2
Hersteller	Kerr & Stuart
Stückzahl	unbekannt
Leistung	unbekannt
Spurweite	610 mm
Ø Treib- u. Kuppelachse	840 mm
1. Baujahr	1914

Kaum eine der zahllosen goldenen Pagoden Burmas steht so fotogen neben den Schienen wie die von Shwele an der Süd-Nord-Magistrale von Yangon nach Mandalay. Die schwerölgefeuerte Pazifik YB 508 hat es eilig, denn ihr Sonderzug soll Bago noch bei Tageslicht erreichen.

Der im Kursbuch der Myanmar Railways unter der Gattung SL („Steamed Locomotive") verzeichnete Personenzug Nr. 181 (rechts oben) hat gerade den Endbahnhof Madauk erreicht. Tontöpfe, die auf dem Umlaufblech der Pacific-Lokomotive YB 508 transportiert werden und während der Fahrt von Pyuntaza keinen Schaden nehmen, Brennholz in Bündeln, Gemüse in großen Körben und Zuckerrohr werden in Ochsengespanne umgeladen.

Voll ist relativ. Die Bahn (rechts unten) ist um einige Kyat billiger als der Toyota-Pick up oder der Bus. Und: Wie viel Ehrgeiz wird der Schaffner zeigen? Hier zu sehen ein Lokalzug von Pyinmana nach Tatkon.

YB REISEZUGLOKOMOTIVE	
Bauart	2'C1' h2
Hersteller	Vulcan Foundry
Stückzahl	179
Gesamtgewicht	92,5 t
Spurweite	1000 mm
Ø Treib- u. Kuppelachse	1448 mm
Baujahr	1927 bis 1950

Das wichtigste Kleidungsstück in Burma ist der um die Hüfte gewickelte Longyi, der von Frauen und Männern gleichermaßen getragen wird. Dieser für die Tropen sehr praktische Rock unterschiedlichster Muster und Farben wird vor dem Bauch geknotet. Der Mitarbeiter der Lokleitung des Bw Bago trägt konservativ blau-weiß kariert. Die äußerlich sehr gepflegten Lokomotiven der Baureihen YB, YC und YD warten auf ihre nächsten Einsätze Richtung Mottama.

Eishölle Nancha, drei Dampfloks des Typs QJ unterwegs bei minus 35 °C. Ganz im fernen Osten der Mandschurei befindet sich die Nebenstrecke von Wuyiling nach Nancha, auf der schwere Holzzüge bis zum Scheitelpunkt nicht nur Vorspann, sondern häufig auch noch Schub benötigten. Die große Schau ist leider bereits im ersten Drittel der neunziger Jahre zu Ende gegangen.

QJ GÜTERZUGSCHLEPPTENDERLOK

Bauart	1′ E 1′
Hersteller	Datong
Stückzahl	ca. 4000
Leistung	3000 PSi
Höchstgeschwindigkeit	80 Km/h
Ø Treib- u. Kuppelachse	1500 mm
1. Baujahr	1962

Jingpeng, der Pass der Pässe

Nur Vermutungen waren es, dass tausende von Loks in China noch dampften. Leider war eine Überprüfung unmöglich, denn normalsterbliche Ausländer durften das Land nicht bereisen. Doch Mitte der 80er-Jahre geschah Unerwartetes: Das Land öffnete sich für Gruppenreisen. Selbst das Fotografieren auf Bahngeländе war kein Tabu. Tatsächlich, es waren noch tausende von Dampfloks aktiv, und es wurden sogar noch welche in Datong und Tangshan neu gebaut.

Auch die Einzelkämpfer unter den Eisenbahnfreaks wagten sich alsbald in das Reich der Mitte und durften erstaunt feststellen, dass sie im Vergleich zu den europäischen Ostblockstaaten geradezu liberale Zustände vorfanden: Nicht alles war möglich, aber erstaunlich vieles!

In den entlegensten Gebieten des riesigen Landes wurden nicht nur grandiose Bergstrecken, sondern auch ausgedehnte Waldbahnsysteme aufgespürt. Doch wie überall auf der Welt breitete sich der Fahrdraht und die Dieselkonkurrenz auf Kosten der dampfenden Fakultät mit rasender Geschwindigkeit aus. Das Fotografieren von Dampfzügen wurde zum allzu gut bekannten und niemals zu gewinnenden Wettlauf mit der Zeit. So endete mit der Verdieselung des Großdepots in Da'an im Spätsommer 2001 das Zeitalter der Dampftraktion bei der Chinesischen Staatsbahn. Doch die Eisenbahnfreunde in aller Welt mussten deswegen noch lange nicht die Segel streichen, denn viele Werks- und Provinzbahnen beschäftigen weiterhin von der Staatsbahn nicht mehr benötigte Dampflokomotiven. So war schon 1996 die sensationelle Nachricht vom Neubau einer Provinzbahn in der Inneren Mongolei verbreitet worden, die ausschließlich die riesigen Maschinen des Typs QJ einsetzt. Etwa in der Mitte der rund 950 km langen Strecke von Jining nach Tongliao befindet sich der inzwischen legendär gewordene Jingpeng-Pass, der alles bisher in China Gesehene in den Schatten stellt. Bald wird auch dieses Dampflok-Eldorado der Vergangenheit angehören.

Lokwechsel des Personenzuges Tongliao-Jining in Chabuga. Im letzten Abendlicht präsentiert sich die bestens gepflegte Lok QJ ihren langnasigen Fahrgästen. Bei der anschließenden Fahrt in die kalte Nacht war man dann bestens im Hardsleeper-Wagen aufgehoben. Auch wenn im Laufe der Nacht die Temperatur im Wageninneren gen Nullpunkt sank.

Aus Papierfahrkarten werden Metallchips. Nach dem Einchecken in den Hardsleeper-Wagen erhält man vom Schaffner diese Platzkarten im Tausch gegen die Fahrkarten. Die chinesische 5-Minuten-terrine wird während der Fahrt vom Schaffner auch noch mit heißem Wasser versorgt.

Tröpfelndes Wasser verwandelt sich am Kuhfänger der QJ 6478 im Winter sofort in einen erstarrten Wasserfall, für das Auge schön anzusehen, für das Lokpersonal eher ein Ärgernis. Hier auch gut zu sehen die chinesische Mittelpufferklauenkupplung, die bei niedrigen Temperaturen nicht immer die Zuverlässigste ist.

Einer der seltenen Züge am Jingpeng-Pass, der nur mit einer Lokomotive der Baureihe QJ bespannt ist. Der Ganzzug mit leeren Kesselwagen überquert gerade das eindruckvollste Bauwerk der Westrampe: das so genannte Kreiselviadukt. Leider ist dieses Motiv nicht mehr wiederholbar, da die Dampfloks zwar noch rauchen, die herrlichen Alleebäume aber längst in Rauch aufgegangen sind.

Andeutungsweise erahnen lassen sich die nächtlichen Tiefsttemperaturen im Winter in der autonomen Republik Innere Mongolei, wenn man das mit Raureif bedeckte Triebwerk und Windleitblech der QJ sieht. So erübrigt sich auch die Kontrolle des Wärmezustandes der diversen Lager des Triebwerkes durch den Handrücken des Heizers.

Noch vor Sonnenaufgang zeigen die zwei Loks der Baureihe QJ, was in ihnen steckt. Bei mindestens minus 20°C erzeugen sie kurz vor dem Scheitelbahnhof Shandian auf der Ostrampe des Jingpeng-Passes eine eindrucksvolle Dampfwolke.

Elf Wagen und drei Dampfloks war das klassische Verhältnis bei der Stahlwerksbahn in Chengde. Die Stadt, 200 km nordöstlich von Beijing, ist auch durch ihren kaiserlichen Sommerpalast bekannt. Der steht Gott sei Dank noch, die Dampfloks fahren leider nicht mehr. Auf unserem Bild kämpfen sich zwei Loks der BR JS und eine der BR SY am Stadtrand von Chengde im Schritttempo den Berg hinauf.

JS GÜTERZUGSCHLEPPTENDERLOK

Bauart	1′ D 1′
Hersteller	Datong u.a.
Stückzahl	1100
Leistung	2200 PSi
Höchstgeschwindigkeit	85 Km/h
Ø Treib- u. Kuppelachse	1370 mm
Baujahr	1957

V or dem Lokschuppen der Waldbahn Zhanhe im äußersten Nordosten Chinas wird Lok 31.198 zum Einsatz vorbereitet. Zehn baugleiche Vierkuppler des Typs C2 arbeiteten bei der schon vor geraumer Zeit eingestellten 762-mm-Schmalspurbahn unmittelbar an der Grenze zu Sibirien.

Die Kohlebahn von Tiefa verbindet einige Bergwerke mit dem Netz der Staatsbahn. Neben gut 25 Maschinen des Industriebahntyps SY wird auch die JS 5029 eingesetzt, die gerade mit einem beladenen Zug die Kohlemine Dalong passiert. 2003 war von Verdieselung noch nichts bekannt.

Wenige Kilometer von ihrem Zielbahnhof Yebaishou entfernt kämpfen sich die beiden Staatsbahn-QJs mit ihrem Güterzug aus Chifeng dem Scheitelpunkt der Strecke entgegen. Währenddessen sind die Schafe im Vordergrund so damit beschäftigt, verwertbares Futter in der braunen Grasnabe zu finden, dass sie sich weder vom schwer arbeitenden Zug noch vom begeistert herumspringenden Fotografen irritieren lassen.

Am Rande der Stadt Sanya liegt der Bahnübergang, den gerade die JF mit ihrem Güterzug mit Personenbeförderung überquert. Er ist wohl der originellste Nikolauszug im Jahre 1995 weltweit, aber was kann man von einem planmässigen Zug in einem islamisch-buddhistischen Landstrich auch anderes erwarten.

JF GÜTERZUGSCHLEPPTENDERLOK

Bauart	1 D 1
Hersteller	Dalian Quingdao
Leistung	1550 PSi
Gesamtgewicht	190 t
Höchstgeschwindigkeit	80 Km/h
Ø Treib- u. Küppelachse	1370 mm
Baujahr	ab 1913

Schrankenwärter in Sanya auf Hainan. Ganz im Süden der Volksrepublik liegt diese zweitgrößte chinesische Insel. In der zweitgrößten Stadt dieser Insel liegt auch der eine Endpunkt der von den Japanern im Zweiten Weltkrieg gebauten Strecke von Basuo über Huangliu nach Sanya.

Mittäglicher Personenzug nach Oybin, im Hintergrund die Türme der historischen Altstadt von Zittau. Als die 750-mm-Schmalspurlinie 1889 eröffnet wurde, trugen die Wagen an den Seitenwänden die Buchstaben „Z.O.J.E.", Zittau-Oybin-Jonsdorfer Eisenbahn. In der Bevölkerung wird die Bimmelbahn seither „Zug ohne jede Eile" genannt. Das gibt es bei der Muskauer Waldbahn nicht alle Tage (rechts oben): Schubbetrieb auf der Rampe im Bad Muskauer Stadtwald. Es führt 99 3312 „Diana", am Zugschluss arbeitet Lok 99 3317. Die fast schon in Vergessenheit geratene 600-mm-Waldbahn an der Grenze zu Polen wurde nach der Wende von Idealisten als Museumsbahn wieder aufgebaut. Ob sie jemals wieder durch den Rabenauer Grund dampfen wird? Die über Sachsen im August 2002 hereingebrochene Unwetterkatastrophe zerstörte weite Teile der 750-mm-Schmalspurbahn von Freital nach Kipsdorf (links unten) im Erzgebirge. Die abgebildete Maschine wurde 1933 von Schwartzkopff geliefert. Ordentlich Kohle aufgelegt hat der Heizer der 99 1788 in der Ausfahrt von Neudorf auf seinem Weg von Cranzahl nach Oberwiesenthal (unten rechts).

Dampf auf deutschen Schmalspurbahnen

Eine fast vergessene Sensation

Nach der Wende rechnete jedermann mit dem baldigen Ableben der unwirtschaftlichen Schmalspurbahnen der DR. Die zu diesem Zeitpunkt noch vorhandenen acht Systeme umfassten insgesamt 262 km, welche sich auf die Spurweiten 750 mm, 900 mm und 1000 mm verteilten. Erstaunlicherweise fuhren alle Bahnen noch mit Dampfloks. War es Furcht vor dem Volkszorn, welche die Wirtschaftlichkeitsüberlegungen der Entscheidungsträger in den Hintergrund drängte? Jedenfalls ist bis heute noch keine der Bahnen eingestellt worden. Man setzte vielmehr auf Privatisierung. So übergab die DR bereits 1991 ihre 131 km an Meterspurstrecken der „Harzer Schmalspurbahnen GmbH" (HSB).

Inzwischen sind auch die 900-mm-Linie von Bad Doberan nach Kühlungsborn (15 km) sowie die 750-mm-Bahnen Cranzahl-Oberwiesenthal (17 km), Oschatz-Mügeln (16 km), Zittau-Oybin / Jonsdorf (16 km) und Puttbus-Göhren (24 km) in privater Hand. Bei der DB verblieben sind lediglich die 750-mm-Strecken Radebeul-Ost nach Radeburg (16,5 km) und die von der Unwetterkatastrophe im Sommer 2002 verwüstete 26 km lange Verbindung von Freital-Hainsberg nach Kipsdorf. Die aufgezählten 750-mm-Bahnen sind von baldiger Verdieselung bedroht. Der Planbetrieb auf der Relation Oschatz-Mügeln wird bereits mit Dieselfahrzeugen durchgeführt. Dampfsicher sind dagegen die für museale Zwecke wieder aufgebauten Abschnitte der 750-mm-Schmalspurbahnen Wolkenstein-Jöhstadt und Schönheide-Schönheide Süd. Mit ihren 600-mm-Gleisen darf die Muskauer Waldbahn im Reigen der musealen Schmalspurbahnen nicht vergessen werden, 18 km Strecke sind wieder befahrbar. Auch auf der ehemaligen 750-mm-Werksbahn von Klostermannsfeld nach Hettstedt wird von gelegentlichen Dampfzügen berichtet.

52 Mh SCHMALSPURTENDERLOK

Bauart	D h2t
Hersteller	VULCAN
Stückzahl	15 (3 für Rügen, 5 meterspurige)
Leistung	235 PSi
Höchstgeschwindigkeit	30 Km/h
Ø Treib- u. Kuppelachse	850 mm
1. Baujahr	1914

Die bereits am Bodensee beginnende „Deutsche Alleenstraße" endet auf der Insel Rügen. Und so ist es auch wenig verwunderlich, dass die gesamte Insel von zahlreichen dieser urtypischen Straßen durchzogen ist. Eine vielfach ungetrübte Idylle, scheinbar unberührt vom Zahn der Zeit und nicht immer geeignet für moderne, schnelle Straßenfahrzeuge. Die „Wettfahrt" kurz vor Putbus wird die 52 Mh mit ihrem bunt gemischten Kleinbahnzug daher auch deutlich für sich entscheiden.

Mit Dampf an den Strand – der „Rasende Roland"

Bereits bis 1899 entstand auf Deutschlands größter Insel ein knapp 100 km umfassendes Schmalspurnetz von 750 mm. Hauptsächlich gebaut für die Abfuhr landwirtschaftlicher Güter sowie zur Beförderung von Sommerfrischlern ging nach dem 2. Weltkrieg die Betriebsführung des schmalspurigen Privatbahnnetzes an die Reichsbahn über. Doch auch sie konnte nichts an den wirtschaftlichen Zwängen ändern, die zur Stilllegung fast aller Kleinbahnstrecken der Insel bis 1971 führten. Übrig blieb allein die 24 km lange Bäderbahn zwischen der ehemaligen Fürstenstadt Putbus und dem Ostseebad Göhren.

Heute befördert die nunmehr seit Jahrzehnten unter dem Namen „Rasender Roland" bekannte und zwischenzeitlich als technisches Denkmal eingestufte Schmalspurbahn jährlich hunderttausende von Urlaubern und Insulanern. Seit 1996 allerdings wieder auf privatwirtschaftlicher Basis, denn seitdem obliegt die Betriebsführung der nach Rückgabe an den Landkreis gegründeten Rügenschen Kleinbahn. Die neue Gesellschaft konnte mit dem Land Mecklenburg-Vorpommern und entsprechend massiven Investitionen in den Bahnbetrieb mittlerweile die Weichen für einen dauerhaften Erhalt des rollenden Denkmals als Nahverkehrsmittel stellen.

Unverändert in der wechselvollen Geschichte blieb das Flair eines klassischen Dampflokbetriebes. Auf keiner anderen Schmalspurbahn sind heute noch so viele unterschiedliche Dampflokbaureihen im regulären Dienst anzutreffen wie hier. Diese Tradition sowie verschiedene interessante Angebote und die Ehrenlokführerausbildung machen die Fahrt mit dem „Rasenden Roland" zu einer echten Attraktion inmitten einer der schönsten Urlaubsregionen Deutschlands.

Kontaktadresse auf Seite 240

Mit der Rapsblüte und dem ersten Grün an den Bäumen erwacht die Insel aus ihrem Winterschlaf. Jedes Jahr erstrahlen weite Felder in dem markanten Gelbton und bilden den für Rügen so typischen Kontrast zu den zahlreichen Wasserflächen. In diese Umgebung fügt sich der von der 52 Mh gezogene Personenzug bei Posewald harmonisch ein. Als typische „Rügenlok" trägt die Maschine das grüne Farbkleid aus der Frühzeit der Kleinbahn.

Besonders im südöstlichen Teil der Insel Rügen hat die letzte Eiszeit deutliche Spuren hinterlassen. Beim Bau der Kleinbahn mussten daher für norddeutsche Verhältnisse recht ungewöhnliche „Höhenzüge" überwunden werden, die bei langen und voll besetzten Zügen große Kraftanstrengungen der Lokomotiven erfordern. Mit entsprechender Wucht erklimmt die 99 4801 die lang gezogene Steigung aus dem Forst Granitz heraus.

99 4801 SCHMALSPURTENDERLOK

Bauart	1'D h2t
Hersteller	Henschel
Stückzahl	2
Leistung	300 PSi
Höchstgeschwindigkeit	30 Km/h
Ø Treib- u. Kuppelachse	850 mm
1. Baujahr	1938

Immer häufiger auftretende Frühnebel kündigen den nahenden Herbst an, doch noch hat die Sonne genügend Kraft, um sich zügig durchzusetzen. Die morgendliche Stille über den sanften Hügeln bei Garftitz wird nur kurz durch den Auspuffschlag der 99 4801 unterbrochen, die sich mit dem Frühzug von Göhren nach Putbus auf den Weg gemacht hat. Anschließend kehrt wieder Ruhe in die beschauliche Szenerie ein.

99.32 SCHMALSPURTENDERLOK

Bauart	1' D 1'
Hersteller	Orenstein & Koppel
Stückzahl	3
Leistung	460 PSi
Höchstgeschwindigkeit	50 Km/h
Ø Treib- u. Kuppelachse	1100 mm
1. Baujahr	1932

Kurz hinter dem Haltepunkt Kühlungsborn-Mitte geht's mit Volldampf zum nächsten Bahnhof: Kühlungsborn-Ost. An den beiden Endpunkten ihrer Strecke in Kühlungsborn und Bad Doberan hat die „Straßenbahn" Molli einen fahrgastfreundlichen Haltestellenabstand wie bei der Elektrischen.

Mecklenburgische Bäderbahn Molli

Straßenbahn in Doberan

Nach nur sechs Wochen Bauzeit wurde am 9. Juli 1886 die erste öffentliche Schmalspurbahn in Mecklenburg eröffnet. Damals ging es nur 6,61 Kilometer von Bad Doberan zum ältesten Seebad Deutschlands nach Heiligendamm. Erst im Mai 1910 wurde die 900-mm-Schmalspurbahn bis Arendsee, heute besser bekannt als Kühlungsborn-West, verlängert. Die 15,4 Kilometer lange Strecke nimmt ihren Anfang am Bahnhof Bad Doberan, gelegen an der eingleisigen Hauptbahn Rostock-Wismar. Nachdem der Molli – angeblich benannt nach einem dicken Mops gleichen Namens – die B 105 überquert hat, geht es schon auf der Straße mitten durch die Stadt. Glücklicherweise hat die für Deutschland einmalige Kombination von Straße und Schiene die Wende überlebt, wenn auch mit zusätzlichen Ampeln, Schildern und Absperrungen. Nach kurzer Fahrt entlang einer der schönsten Alleen Mecklenburgs, vorbei an der wiedereröffneten ältesten Pferderennbahn des Kontinents, erreicht der Zug die weiße Stadt am Meer. So wird Heiligendamm, das älteste Seebad Deutschlands, von Herzog Friedrich Franz I. 1793 gegründet, auch genannt. Mit der für eine deutsche Schmalspurbahn atemberaubenden Geschwindigkeit von 40 km/h geht es anschließend durch den „Kleinen Wohld", einen herrlichen Buchenwald, vorbei an der Haltestelle für Sommerbadegäste Heiligendamm-Steilküste nach Kühlungsborn.

Am Endbahnhof Ostseebad Kühlungsborn-West befindet sich nicht nur das kleine Bahnbetriebswerk samt Lokschuppen, sondern auch ein kleines „Molli"-Eisenbahnmuseum.

Ein Besuch beim Molli ist nicht nur sommers eine Reise wert, auch zur Winterzeit üben Landschaft und Bahn einen gewissen Reiz aus, wie unsere Fotos zeigen, und dann ist man eben mit dem Schlitten und Handschuhen unterwegs und nicht mit dem Fahrrad und der Badehose.

Kontaktadresse auf Seite 240

Auf dem Schild steht: "99 323"

Auf den Wegweisern:

Verteidigungs-
bezirkskommando 88

Wismar 40km 105
Kröpelin 8km

105 Rostock 16 km
Bargeshagen 4km

Straßenverkehrsamt

Hier sollte der Schwächere nachgeben. In Bad Doberan kreuzt die Bahn die viel befahrene Bundesstraße 105. Früher war so eine Streckenführung gerne der Anlass, nicht den Autoverkehr umzuleiten oder gar einzustellen, sondern einfach die gesamte Bahnstrecke stillzulegen. Diesen Fehler hat man bei der Mecklenburgischen Bäderbahn glücklicherweise nicht begangen.

Vorsicht, unbeschrankter Bahnübergang in Kühlungsborn-West (rechts oben). Das von diversen rücksichtslosen Autos lädierte Schild warnt vor dem Molli, der sich den Autos gegenüber normalerweise etwas höflicher verhält. Im Hintergrund bereitet sich die 99 323 gerade vor, an einem herrlichen Wintertag ihren Zug nach Bad Doberan zu befördern.

Dampfstraßenbahn Molli: Mitten durch die Hauptgeschäftsstraße Bad Doberans fährt der Zug kurz vor seinem Zielbahnhof mit Übergang zur DB AG (rechts unten). Laut bimmelnd und in Schrittgeschwindigkeit passiert er die ehemalige Ernst-Thälmann-Straße, die seit der Wende sinnigerweise Mollistraße heißt.

Gerade ist die Sonne dabei, ihr Tagwerk zu beenden, als der letzte Zug des Tages
nach Bad Doberan den Fulgenbach am Ortsrand von Kühlungsborn überquert,
um anschließend die kleine Steigung Richtung Heiligendamm zu überwinden.

Güterverkehr gehört bei den HSB inzwischen leider der Vergangenheit an, die Dampftraktion glücklicherweise nicht. An einem herrlichen Herbsttag Ende der 80er-Jahre überwindet die 99 7247 mit ihren GmP kurz hinter dem Bahnhof Mägdesprung die größte Steigung der Selketalbahn.

99.23 SCHMALSPURTENDERLOK	
Bauart	1´ E 1´ h2
Hersteller	VEB Lokomotivbau Karl Marx Babelsberg
Stückzahl	17
Leistung	700 PSi
Höchstgeschwindigkeit	40 Km/h
Ø Treib- u. Kuppelachse	1000 mm
Baujahr	1954 bis 1956

Mit Volldampf ins Gebirge, nicht nur in der Schweiz

Die Vereinigung von Harzquer-, Brocken- und Selketalbahn knapp zweieinhalb Jahre nach der gesamtdeutschen Vereinigung war die Geburtsstunde der Harzer Schmalspurbahnen und sicherte das Überleben eines Schmalspurstreckennetzes von über 130 km. Auf 1000 mm schmaler Spur können wir deshalb auch heute noch über 20 Dampflokomotiven zwischen den Endpunkten Wernigerode, Brocken, Nordhausen, Hasselfelde, Harzgerode und Gernrode erleben.

Seit 1887 durchqueren nicht nur Wanderer, Pferde- und Ochsenfuhrwerke das höchste norddeutsche Mittelgebirge, sondern auch Züge auf schmaler Spur – gebaut zur Abfuhr von im Harz gewonnenen Rohstoffen und natürlich für den öffentlichen Nahverkehr. Die Brockenstrecke allerdings, damals wie heute Rückgrat der Bahn, wurde schon 1899 nur aus touristischen Gründen gebaut.

Fast 1000 Meter Höhenunterschied überwindet ein Zug, wenn er von Gernrode kommend auf den Brocken dampft, und das sind schon Ausmaße einer Gebirgsbahn. Und auf dem Abschnitt von Wernigerode nach Drei Annen Hohne befindet sich auch der einzige Schmalspurbahntunnel Deutschlands. Ob er allerdings notwendig war?

Während die Harzquerbahnstrecke von Wernigerode aus den Harz in Nord-Süd-Richtung nach Nordhausen im Thüringschen quert, stößt von Osten kommend die Selketalbahn im Gemeinschaftsbahnhof Eisfelder Talmühle auf die Harzquerbahn, nicht ohne vorher zwei Abstecher nach Harzgerode und Hasselfelde gemacht zu haben. Will man die berühmten Harzer Hexen treffen, sollte man sich um den 1. Mai herum auf den Weg machen, denn dann trifft man nicht mehr auf die längst vergangenen 1.-Mai-Demonstrationen, sondern auf eine Vielzahl von Hexen und Teufeln, die zur Walpurgisnacht den Harz und seine Züge unsicher machen.

Kontaktadresse auf Seite 240

Unterhalb des Gasthauses „Drei Annen" verlässt der Zug auf einem Damm das Drängetal, um bald darauf – nach kurzem Aufenthalt im Bahnhof Drei Annen Hohne – seinen Weg Richtung Brocken fortzusetzen. Den freien Blick auf die Strecke haben erst umfangreiche Holzfäll-arbeiten Anfang der 90er-Jahre möglich gemacht.

Es gab einmal eine Zeit, als sich Aufsichtsbeamter und Zugpersonal noch gemeinsam um den anfallenden Papierkram kümmern konnten. Heute wird von den dreien höchstens noch einer benötigt, die Dampflok im Hintergrund allerdings garantiert.

Mitten auf dem Bahnübergang kommt die Lok ganz regulär am Haltepunkt Sorge zum Stehen. Nur der Betrachter im Vordergrund scheint damit nicht ganz einverstanden zu sein, doch uns gibt es die Gelegenheit, die Einheitslok der Baureihe 99 mal in Ruhe von der Seite zu begutachten.

99 6001 SCHMALSPURTENDERLOK	
Bauart	1' C 1' h2
Hersteller	Krupp
Stückzahl	1
Leistung	540 PSi
Höchstgeschwindigkeit	50 Km/h
Ø Treib- u. Kuppelachse	1000 mm
Baujahr	1939

Beim Wasserfassen sollte gut und richtig dosiert werden. Das heißt, entsprechend der Wasserqualität müssen bestimmte Zusätze dem Wasser beigemischt werden, um Kesselstein und Schäumen des Wassers zu verhindern. Hier kümmert sich der Heizer der 99 6001 um die richtige Mischung für seine Lok.

Lokalbahn pur im Bahnhof Benneckenstein. Heute ist alles automatisiert oder der Wende zum Opfer gefallen. Während im Hintergrund die Schranken von Hand geschlossen werden, scherzen die beiden Damen, die die Expressgutstücke zum Gepäckwagen gebracht haben, mit dem Lokpersonal. Der damals noch vorhandene Aufsichtsbeamte zückt schon Pfeife und Abfahrtskelle, während er den Fotografen misstrauisch beäugt.

Zur Feier des 1. Mai mit frischem Birken-
laub geschmückt, dampft und raucht die
99 7242 an diesem schönen Frühlingstag
über die Höhen des Harzes. Sie ist unterwegs auf der Selketalbahn und kurz nach
dem Haltepunkt Sternhaus-Haferfeld ist sie
von ihrem ersten Wasserhalt in Alexisbad
noch vier Stationen entfernt.

Die erste längere Verschnaufpause nach ihrer Abfahrt aus Gernrode wird von der 99 7242 zum Wasserfassen in Alexisbad genutzt, bevor es steil bergan nach Harzgerode geht.

Nicht weit hinter Hasselfelde auf der Hochfläche des Harzes passiert der Zug nach Gernrode diesen in den Abendstunden für den Fotografen attraktiven Damm. Lange Züge gehören auf diesem Abschnitt der Harzer Schmalspurbahnen leider der Vergangenheit an, inzwischen wagen sich sogar schon Dieseltriebwagen in diese Gefilde.

Fotonachweis

Dirk Bahnsen, Putbus	214-219
Thomas Bentien, Hamburg	16 unten, 24 unten, 108-109
Christian Eilers, Hamburg	36, 42-43, 50-51, 64 unten, 73 unten, 110-113, 122-123, 138 oben, 139, 143 oben, 144-151
Wolfgang Eilers, Bad Homburg	64 oben, 78-79, 91, 140-141, 156-157, 158 unten
Hans Faust, Wildberg	45-49, 57-63, 65-72, 73 oben, 74-77, 80-82, 86-90, 92-99, 114-117, 128-129, 130-131 oben, 132-137, 138 unten, 142, 143 unten, 152-155, 158 oben, 159, 160-192, 196-197, 206-207, 212, 213 oben
Hans Lühn, Berlin	130, 130-131 unten, 193-195
Stefan Pfütze, Hamburg	118-119, 125
Armin Schmolinske, Hamburg	Titelbild, 7-15, 16 oben, 17-23, 24 oben, 25-35, 37-41, 52-55, 83-85, 100-107, 120-121, 124, 126-127, 198-205, 208-211, 213 unten, 220-239

Kontaktadressen

Rügensche Kleinbahn GmbH & Co	Binzer Straße 12 18581 Putbus Telefon: 03 83 01 / 80 112 Fax: 03 83 01 / 08 01 15 Web: www.rasender-roland.de
Mecklenburgische Bäderbahn Molli GmbH & Co	Am Bahnhof 18209 Bad Doberan Telefon: 03 82 03 / 415 - 0 Fax: 03 82 03 / 415 - 12 E-Mail: molli-bahn@t-online.de Web: www.molli-bahn.de Der Fahrplan ist auch im DB-Kursbuch unter KBS 157 enthalten.
Harzer Schmalspurbahnen GmbH	Friedrichstraße 151 38855 Wernigerode Telefon: 039 43 / 558 - 0 Fax: 039 43 / 558 - 148 E-Mail: hsb-wr@t-online.de Web: www.hsb.wr.de